種の起源

On the Origin of Species

未来へつづく進化論

ダーウィン

Darwin

長谷川眞理子

NHK出版

はじめに――生き物の多様性こそすばらしい

生物の進化について書かれたダーウィンの著書『種の起源』(一八五九年)を私が初めて読んだのは、高校一年の冬休みのことです。父親の本棚から古びた文庫本を引っ張り出してきて、こたつのなかで一気に読破しました。その時は、よく理解できないながらも「生き物全体を総括するような、すごいことが書かれた本だな」とだけ思ったことを記憶しています。同時に『ビーグル号航海記』も読みましたが、こちらの方はずっとわかりやすくて、わくわくしながら読みました。

子どもの頃から、鳥や植物の生態といった博物学的なことに興味を持っていた私は、その後、大学で生物学科に進みましたが、大学では「進化論」について教わる機会はほとんどありませんでした。その頃の日本の生物学界では、ダーウィンの進化論はただの「論」で、それよりも、新たに発展しつつあった分子生物学こそ、実証的な生物学だとして脚光を浴びていました。

そんななか、退官される先生が最後の授業で「進化の理論は、今後生物学全体を統合する重要なものになるはずだから、みんなにもぜひ知っておいて欲しい」とおっしゃって、動物の行動と進化について話してくれました。これが、私がダーウィンの進化論に再び興味を持つことになったきっかけです。授業を聞くうちに「そうか、高校生の時に読んだあの本は、こういうことを言っていたんだ！」と、いろんなことがわかってきたのです。

すべての生き物は「歴史の産物」です。物理学や化学では、対象の歴史的な変遷はあまり問題になりませんが、生物学は「今」だけに注目していては何も見えてきません。歴史のなかに散らばるさまざまな現象をジグソーパズルのように複雑に組み合わせながら「生命がいかなる道筋を経て、今に至るのか？」を探っていくのが生物学です。そうした壮大なパズル全体の完成予想図を、完璧ではないにせよ、私たちに最初に示してくれたのが、ダーウィンの著書『種の起源』なのです。

しかしこの本は、ダーウィンが自分の理論を証明するために、可能な限り数多くの事例を挙げて説明を試みていることから、冗長でまわりくどい文章になり、生物学に馴染みのない人にとっては読みにくく感じるかもしれません。また当時は、遺伝子の仕組みなどについては解明されていなかったため、間違った記述も少なからず見受けられます。そのためでしょうか、今ではダーウィンの著書を実際に読んだ人はあまり多くないと思います。

さらに残念なことには、「生存競争と自然淘汰の中で生物は徐々に変化していく」というダーウィンの考え方を「弱肉強食の論理」だと思っている人が非常に多いのです。なかには、ナチス・ドイツが提唱した優生思想（ユダヤ人差別）と進化論を結びつけて、人種差別を助長する論理だと勘違いする人までいる始末です。

これでは、ダーウィンが浮かばれません。『種の起源』をじっくり読んでいけば、それらの見方が表層だけをとらえた、とんでもない誤解であることがわかるはずです。ダーウィンは決して弱者を排除しようとしていたわけではないし、戦いを肯定していたわけでもなく、生物に関する科学的な法則を見つけようとしていました。逆に彼は、価値観という点では人種差別、奴隷制度の反対論者で、ミミズであろうともヒトであろうとも、すべての生き物は、上も下もなく平等であり、生き物は多様性があるからこそ素晴らしい――と考えていました。本書では、「進化とは何か?」について知っていただくとともに、ダーウィンと『種の起源』に対する誤解を解くことに主眼を置きたいと思います。

ダーウィンによる進化論は決して過去の理論などではありません。本のなかにちりばめられた疑問のなかには、未だ解き明かされていないものも多く、想像力が刺激されます。さらには、ダーウィンが仮説を立ててそれをさまざまなデータから証明していくくだりには、推理小説を読むような面白さがあります。それをみなさんに少しでも伝えることができましたら、ダーウィンの研究者として、またダーウィンのファンの一人として、これほどうれしいことはありません。

本書は、ダーウィンが著した『種の起源』という著作の内容がどんなものであり、ダーウィンがどのように考えて進化論を組み立てたかについて述べています。本書の第4章では、そうやってダーウィンが撒いた種から発展して、現代の進化生物学がどのような状況になっているか、いくつかの話題を取り上げて解説しました。また、最後のブックス特別章では、今の私たちの生物進化の理解とダーウィンの理解との間に、とくに大きなギャップが見られる話題を取り上げました。

ダーウィン自身の構想の大きさ、深さとともに、ダーウィン以後、進化生物学が明らかにしてきた生物の世界の面白さをじっくり味わっていただければと思います。

ケント州ブロムリー近郊、ダウンという村にある通称ダウン・ハウス。ダーウィンの家庭生活が営まれた場所であり、ダーウィンは著作のほとんどをこの館で書き上げ、ここで亡くなった（撮影・長谷川寿一）

生物の進化という考えを練り始めていた、
31歳のダーウィンの肖像画

目次

※本書における『種の起源』の引用は、ダーウィン著、渡辺政隆訳『種の起源』上・下巻（光文社古典新訳文庫）によります。

第1章——「種」とは何か?

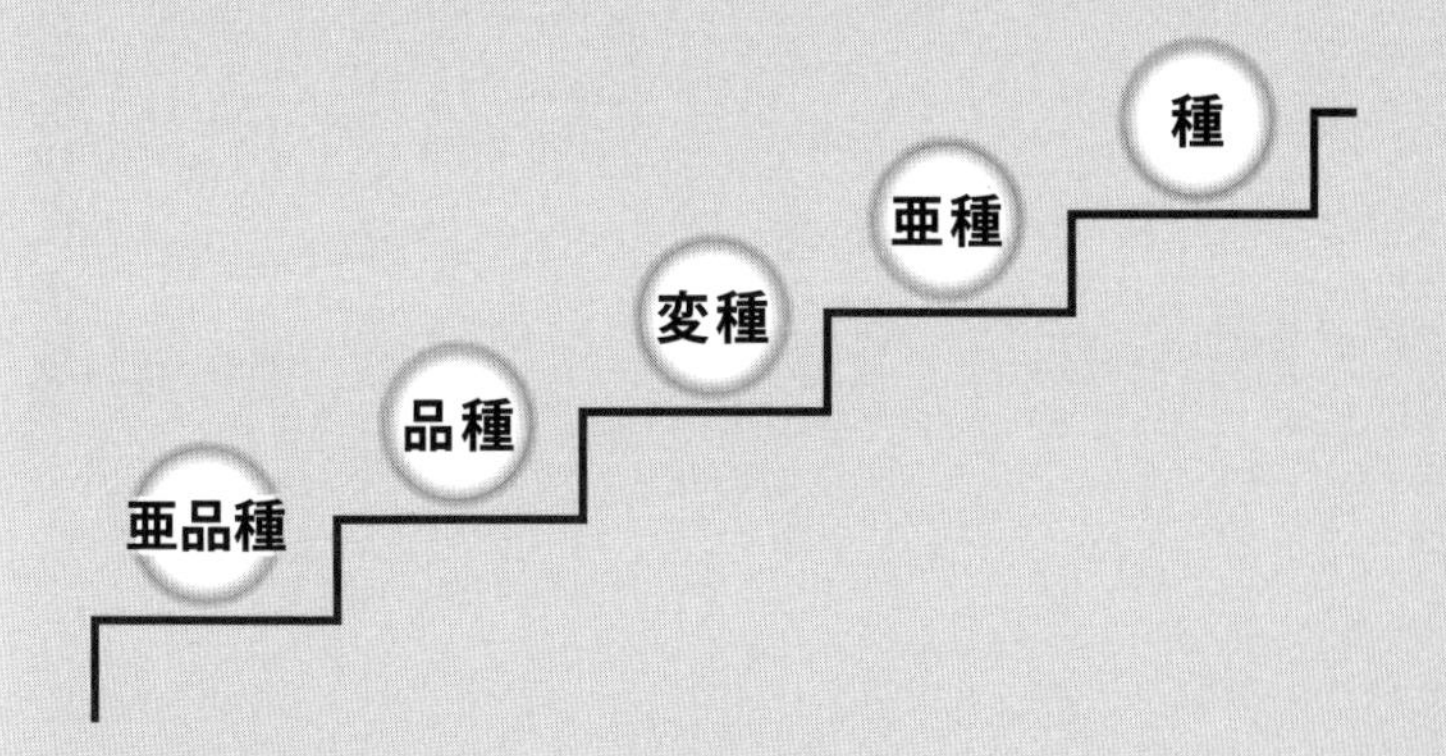

人間が生き延びるための学問「博物学」

「進化論」という言葉は、みなさんもすでにご存じかと思います。でも、それがいったいどんな理論なのかと問われたら、多くの人は答えに窮するのではないでしょうか。「高い場所の葉を食べようとしたキリンの首がどんどん伸びていった」とか「ゴリラが進化すると人間になる」などが思いつくでしょうか。実は、残念ながらどちらもハズレです。

どこが間違っているのかは、これから詳しく説明していくとして、「進化論」とは、ひとことで言えば「生物とは不変のものではなく、世代を経て次第に変化していくものである」という考え方のことです。

「進化」という概念は古くからありましたが、広く知られるようになった時期は比較的新しく、今から一五〇年ほど前のことです。それ以前のヨーロッパでは「神様が天地創造の際にすべての生き物をつくり、動物も植物も変化することなく今に至っている」と信じられていました。こうしたキリスト教的世界観を根底から覆し、「進化」の科学的世界観を私たちに示してくれたのが、一八五九年に出版されたダーウィンの著書『種の起源』です。

では、この本の話に入る前に、まずはダーウィン以前、自然はどのように研究されていたのか、博物学の流れを簡単に振り返っておきましょう。

博物学とは、自然界のあらゆるものを観察し分類する学問と定義されます。そもそも、なぜ人間が自然や生き物について詳しく知る必要があったのかと言えば、自然や他の生き物について知ることが、人類が地球上で生存するために重要な意味を持っていたからにほかなりません。私たちは日々、動物や植物を食べて暮らしています。そのなかには毒のある生き物もいれば、人間を襲う肉食獣もいます。一方で、病気に効く薬草や、人間に役立つ生き物も存在します。おそらく人類は、狩猟採集民として集団で生きるようになった遥か昔から、この世で生き延びるために「食べられるか、食べられないか」「役に立つか、立たないか」「危険か、安全か」といったことを知識として共有する必要があったのだと思います。

地球上に誕生したあらゆる文明において、自然を観察し記述する文化が育まれていたはずですが、博物学はとくにヨーロッパで目覚ましい発展を遂げることになります。

古代ギリシアの哲学者アリストテレス[*1]がそのはしりです。彼は森羅万象すべてに目を向け、世界全体を観察、記述したことで知られますが、その膨大な著書のうちの一冊『動物誌』には、約五二〇種もの生物の生態や形態が事細かに記述されています。

やがて十三世紀に入り、探検家マルコ・ポーロ[*2]によって、中央アジアや中国の情報がもたらされ、さらに一四九二年にコロンブス[*3]がアメリカ大陸を「発見」したのを機に、ヨーロッパの人々はそれまで見たこともない豊かな自然や多様な生き物の存在を知ることになります。こうした探検や植民地政策でもたらされた情報が「世界をもっと知りたい、記述したい」という人々の好奇心を刺激し、その後のヨーロッパにおける博物学の発展につながっていったと考えていいでしょう。

また、ヨーロッパにおいて博物学がとくに発展した理由には、キリスト教も関係しています。キリスト教では「神がこの世のすべてを創造した」とされているため、自然や生物の仕組みを知るということは、すなわち「神の意図の全貌を知ること」を意味します。だからこそ彼らは「いかに神様がつくった世界が合理的にできているのかを理解したい」という欲求を持ち、世界のすべてを観察し分類するという方向に向かっていったのかもしれません。

「種」の誕生

しかし、しばらくの間、ヨーロッパの学者たちのほとんどは、標本を収集し、集めた膨大な生物の情報をそのつど記述しているだけで、まだ知識を分類する段階には至っていませんでした。そこに十八世紀半ば、それまで蓄積された知識を背景にして多くの博物学者が登場してきます。ばらばらだった情報や知識を最初に秩序立てて分類したのが、スウェーデンの博物学者カール・フォン・リンネ[*4]です。彼はまず、形態的に同じつくりを持つものをひと括りの「種」ととらえることにしました。

別々の種のなかにも共通点が見つかることがありますね。たとえば、牛と馬の外見は異なっていますが、蹄という共通点を持っています。彼はこうした共通点をパターン化し、種の上位に「属」という括りを定めて、それぞれの生物にラテン語の名前（学名）を付けることにしました。これが、リンネが考案した「二名法」です。

二名法は、種の名前を示す語と、種よりも一つ上の単位である属の名前を示す語の組み合わせで構成されます。*Pan troglodytes* はコモンチンパンジー、*Pan paniscus* はピグミーチンパンジーを指します。Pan が属名、そのあとに続くのが種名です。そう、みなさんが動植物の図鑑や百科事典で目にする動植物の分け方（綱・目・科・属・種）の基礎を最初につくったのがリンネなのです。アリストテレス以来、動物は有血動物と無血動物の二つに分けられていましたが、リンネは前者を哺乳綱・鳥綱・両生綱（爬虫綱含む）・魚綱に、後者を昆虫綱・蠕虫綱に分けました。

分類が行なわれるようになったことで、生物についての知識はどんどん体系化されていくことになりましたが、それに伴い学者たちの関心は「なぜ、すべての生物は環境に適応的につくられているのだろう?」という疑問へと移っていきます。ペンギンやイルカやマグロは、水中を速く泳ぐのに適した流線型の体をしています。眼は、レンズや網膜を備え、まさに「見る」ために最適の構造をしているように見えます。

こうした動植物の複雑な構造や生態のみごとな様子は、まさに人知を超えた謎としか言いようがありません。もともとアリストテレスは、生物のからだの部分は、それぞれ特別な機能を持っていて、その機能をうまく果たすようにできていると述べました。のこぎりが木を切る機能を果たすためにあるように、鳥のつばさは空を飛ぶために、ネコのカギ爪はネズミを捕らえるために、うまくできていると言うのです。のちに、ヨーロッパのキリスト教的世界観はこの考えを神様に置き換え、「全知全能の神様がこの世を創造したのだから、それぞれの生き物が環境に適したように、うまくデザインされているのは当たり前だ」と結論づけました。言い換えるならば、人間は最初から人間として生まれ、ミミズは最初からミミズとしてこの世に生まれ落ち、それぞれの環境で完璧な生き方をしているということになります。

これが「デザイン論」と呼ばれる考え方で、十九世紀初頭のイギリスの聖職者ウィリアム・ペイリー[*5]らがその中心人物です。ペイリーは著書『自然神学』のなかで、生物が適応的につくられている理由を以下のように説明しています。

野原を歩いていて、時計を拾ったとしましょう。時計が何であるかを知らなかったとしても、それを分解し、その仕組みを調べていくと、時計とは時を測る道具であるということがわかります。では、なぜそのような精密な道具がこの世に存在するのかと問えば、それは時計職人がうまく時を測れるように「目的」を持ってデザインしたからにほかなりません。同様に、この世に存在する生き物の構造がうまくつくられているのは、神がうまくこの世で生きられるように「目的」を持ってデザインしたからである――というのがペイリーの主張です。科学的な説明にはまったくなってはいませんが、当時のヨーロッパにはそれに反論を唱える学者はほとんどいませんでした。

しかし、時代を遡（さかのぼ）れば、キリスト教でも、このような考えばかりがあったわけではありません。神様が何もかもを決めて、初めから世界が最適につくられていたというのではなく、神様は何らかの法則や初期状態をつくったが、あとは自然の流れによってつくられたという、もっと動的な考え方もありました。古代キリスト教の神学者アウグスティヌス[*6]、中世の神学者トマス・アクィナス[*7]も、そのような流れの考えを示していました。

おそらくキリスト教は、世俗の権力と争いながら勢力を拡大していく過程で、神の力を示す確固たる論理と秩序を必要としたのでしょう。「神がつくった生き物のなかには滅んでしまうものもいる」と言うよりも「神が世界のすべてを完璧に創造した」と言い切ってしまったほうが、神の力を誇示するためには都合がよい。そうして、いつのまにか教義は変化していったのです。

アリストテレスの説に「生き物はすべて目的を持っていて、ランダムに出て来て絶滅するとは考えられない」（『動物誌』）というのがあります。彼の時代にはまだキリスト教は存在していませんが、「生き物の目的」を「神の目的」と言い換えれば、そのままキリスト教の教義に置き換えられます。ヨーロッパにおける自然哲学、自然神学は、アリストテレスの考え方とデザイン論を基盤として発展していったと考えていいでしょう。

変異に注目せよ

さて、「種」という実体があり、「神が種の持つ性質を完璧にデザインした」と言えばそれでおしまいかというと、つじつまの合わないこともいくつか存在します。

まず、よく見ると生物は必ずしも〝完璧〟にはつくられていません。もし神様が完璧にデザインするつもりだとすれば、私たち人間の体に盲腸のような器官はつくらなかったはずですし、背後を見るための三つめの眼を後頭部につけてくれてもよかったはずです。

また、集団の個体のなかには、それまでは持っていなかった機能や形態を持つものが突然生まれてくる、つまり「変異」が生じることがあります。さらに雑種によって親とは異なる姿になる生き物もいます。こうした事実を見ていくと、種という実体があって、すべてうまくつくられているという考えですべてを片付けてしまうのには少々無理があるように思えます。

先ほどご紹介したリンネは、種の実在を信じていました。多くの生物を見てきた彼ですから、当然のことながら同じ種の集団でも性質や形が異なる突然変異の個体が生まれたり、雑種によって別の特徴を持つものが生まれたりすることは知っていたはずです。でも、そこに注目すれば、「神様がすべての生き物を創造し、一切それは変化していない」という考え方とは相容れない部分が出てきてしまう。そのため、彼は変異や雑種を単なる「ノイズ」ととらえて、見ないようにしたのでしょう。たしかに、集団のなかの些細な変異にこだわっていたら、分類の線引きはできなくなってしまいます。「いろいろな変異が現れることはあるが、それは単なるノイズであって、本質だけに注目すべきだ」と思わなければ分類など到底不可能です。

リンネの時代のすぐ後に、いよいよダーウィンが登場してくるわけですが、彼はリンネがノイズとして無視した部分、すなわち「裏側に隠れているもの」にこそ本質があるはずだ——という新しい見方を示しました。これはまさに「図地反転」と言えます。

図地反転とは、ものごとをそれまでとは逆の視点で見ることです。図地反転図形として有名な「ルビンの壺」*8と呼ばれる絵はみなさんも見たことがあるでしょう。ダーウィンはこのルビンの壺を見るように、それまでとはまったく逆の視点から生物をとらえようとしたの

ルビンの壺

です。彼の理論を簡単にまとめておくと以下のようになります。

――生物とは時間とともに変化していくものであり、今地球上に見られる何百万という種は、すべて最初に出現した一つの生き物から変化したものである。種の集団のなかではつねに変異というものが起こり、その変異が生存にとって有利だった場合は、変異は次の世代に引き継がれ、やがてそれが固定化されて別の種がつくられていくことになる。現在、この世に存在する生物はすべてそうした進化の過程のなかで生まれ、環境に適応しているのである。

こうした独自の理論に彼が行き着いた背景には、ダーウィン自身の性格や青年時代の貴重な体験が深く関係しています。では、ダーウィンとはいったいどんな人物だったのか、彼の生い立ちや人となりについて見ていくことにしましょう。

おちこぼれのドラ息子、世界一周の旅へ

チャールズ・ダーウィンは一八〇九年、イングランドの西部シュロップシャー州シュルーズベリの裕福な家庭に生まれました。父親は医者で、母親は陶器ブランドとして世界的に有名なウェッジウッド社創始者の娘です。子どもの頃のダーウィンは、狩猟や昆虫採集に明け暮れ、勉強には熱心ではない、いわば落ちこぼれでした。でも、決して勉強が嫌いだったというわけではなく、興味があることには一生懸命になるタイプ。化学

に興味を持っていた兄が家の温室で行なっていた化学実験には、いつも一緒に熱中していたというエピソードが残されています。

ダーウィンは、やがて家業の医者を継ぐために、エジンバラ大学に進学しますが、残念ながら彼は医者には向いていませんでした。当時は、今と違って麻酔のなかった時代です。恐怖と痛みで泣き叫ぶ患者を押さえつけながら、血まみれになって施術を行なう外科実習の授業が彼には耐えられませんでした。麻酔なしの子どもの手術に立ち会って以来、手術の授業を欠席するようになり、しまいには退学してしまいます。

とはいえ、エジンバラでの生活が彼にとってまったく意味がなかったというわけではありません。解放奴隷の黒人に鳥の剝製（はくせい）のつくり方を習ったり、南米の熱帯の自然や奴隷の生活について話を聞いたり、時間のある時は博物誌関連の本を読んだりと、学業以外の部分では大きな刺激を受けています。おそらくはこうした経験のなかで、彼は博物学というものに興味を持つようになったのでしょう。

医学の道を断念したダーウィンは、父親のすすめで今度はケンブリッジ大学で神学を学ぶことにします。息子に社会的に尊敬される仕事に就いて欲しかった父親は、牧師の道をダーウィンに提案し、ダーウィンもそうすることにしたのですが、彼はとくに学業に熱心というわけでもなく遊びほうけてばかりいました。

しかし、ケンブリッジ大学で、その後の彼の人生に絶大な影響を与えることになる二人の人物に出会います。一人は地質学者アダム・セジウィック[*9]、もう一人は植物学者ジョン・スティーヴンス・ヘンズロー[*10]です。ダーウィンはこの二人の授業だけは熱心に受講し、個人的にも親しく交流を重ねることになります。

一八三一年、大学を卒業して実家に帰っていた時、ダーウィンにとっての人生の転機ともいうべき出来事が起こります。母校のヘンズロー教授から「ビーグル号で世界一周の旅に出てみないか？」との誘いの手紙が届いたのです。ビーグル号とは、南アメリカ大陸の海岸線の調査や海図制作を目的とした世界一周の探検船で、乗船期間は五年間。ダーウィンが依頼された任務は、表向きは地質学者、実際には船長の「話し相手」というものでした。当時、船長は立場上、船員たちとの個人的な会話が禁じられていたので、孤独を癒すための話し相手となる紳士がどうしても必要だったのです。

好奇心旺盛なダーウィンにとっては願ったり叶ったりの話です。なんとか父親の許しを得た彼は、晴れてビーグル号に乗り込みます。彼には船長の話し相手以外に特別な任務があるわけではないので、船上では読書三昧の日々を過ごすことになります。その時に読んだ本のなかでダーウィンが感化された一冊として挙げているのが、地質学者チャールズ・ライエル[*11]の著書『地質学原理』です。この本には「地球は土地の隆起や土砂の蓄積、風化など、自然法則によってつくられた」という「斉一説」[*12]が書かれていました。「神がこの世のすべてを創造したという説から離れて、自然界の普遍法則によっ

ビーグル号の世界一周の旅

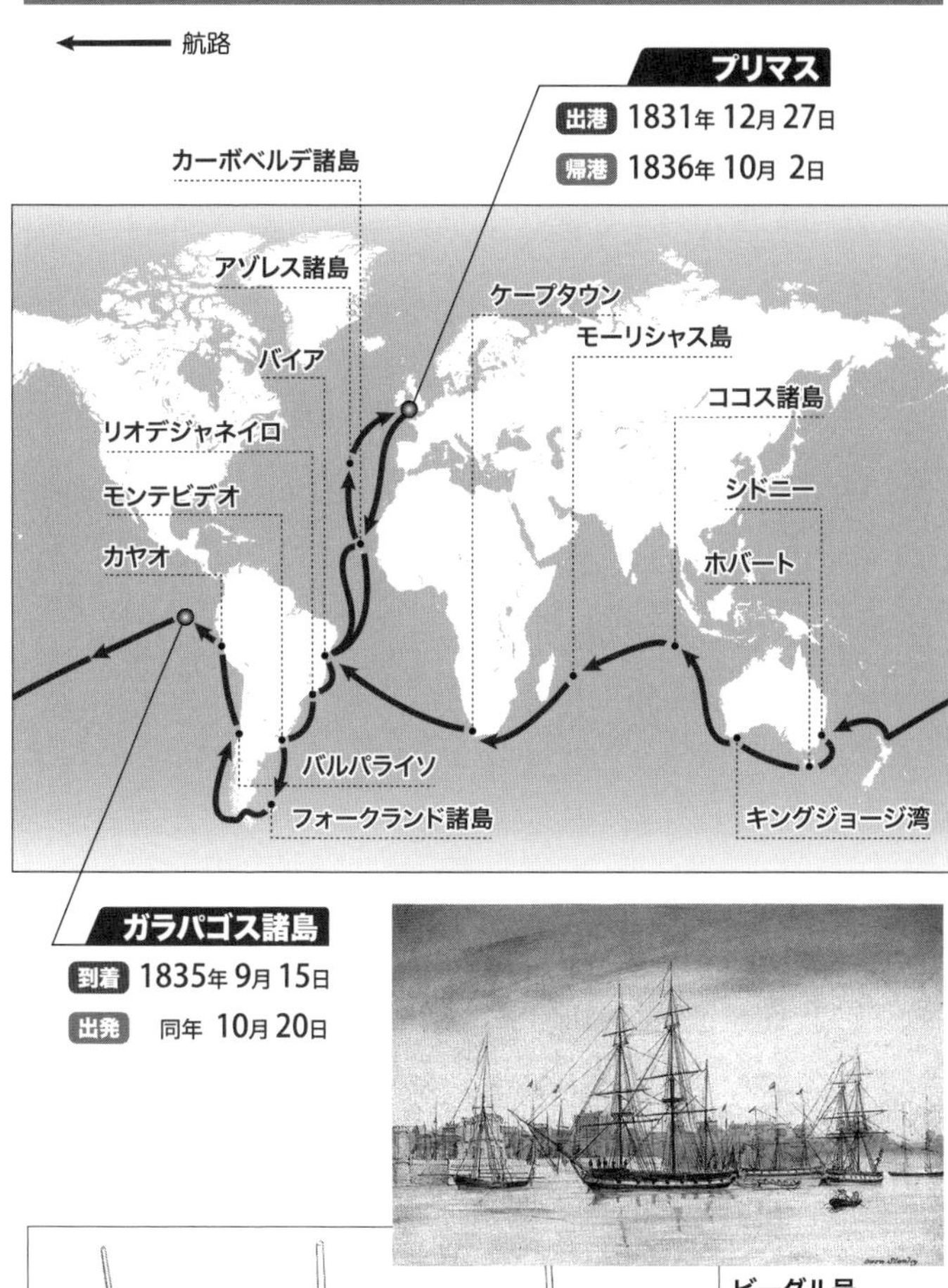

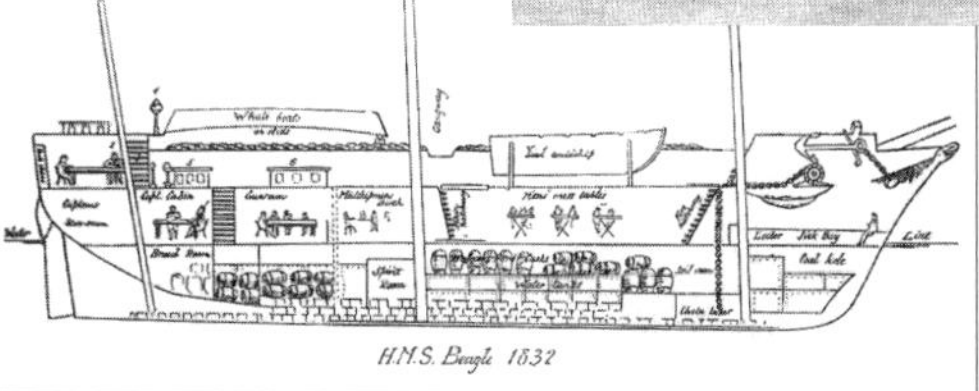

ビーグル号
全長約27メートル、242トン。74人が乗り込んだこの船について、ダーウィンは「空間の絶対的な不足」と表現している

て自然を説明する」という新しいモノの見方をダーウィンはこの本で学ぶことになります。

また、旅の途中にガラパゴス諸島をはじめとするさまざまな地に降り立ち、ヨーロッパとはまったく異なる生物、地質、人種、文化に触れたことも、のちの彼にとっての大きな財産となりました。異国の地で見つけた珍しい動植物の生態を記述したり、剥製をつくって本国に送ったりしながら、ダーウィンは生物に関する知識を深めていきます。

しかし、当時の彼はまだ「進化」については考えていませんでした。よく「ガラパゴス諸島の各島に生息する小鳥（フィンチ）の形態の違いを見て、ダーウィンは進化論を思いついた」と言われますが、それは間違いです。その証拠にダーウィンはガラパゴス諸島に降り立った時の印象を、著書『ビーグル号航海記』*[13]に次のように記しています。「焼け焦げた溶岩におおわれた魅力のない場所、醜い姿をしたイグアナや、他の惑星の生物であるかのようなゾウガメが住んでいる奇妙な場所、しかし、さして学問的興味はそそらない場所だ」と。

リベラルな考えの持ち主ダーウィン

ビーグル号での航海中、ダーウィンは政治や人種差別について考える場面にも多く遭遇します。南米に降り立った彼は、奴隷農場の暮らしを見て、人間としての尊厳を剥奪するシステムに大きな衝撃を受けます。また、ビーグル号の船長との会話の席で「奴隷主が奴隷に自由になりたいか？　と尋ねたら、奴隷は『いいえ』と答えたそうだ。奴隷は奴隷でいるほうが幸せなんだよ」と船長が語るのを聞いたダーウィンは、「奴隷が奴隷主の前で、そんな質問に正直に答えられるわけがないでしょう！」と反論したそうです。

ダーウィンの進化論を弱肉強食の論理と結びつけて、「差別を容認している」と批判する人が少なくないようですが、こうしたエピソードからもわかるとおり、実際の彼は「人間に上下はなく、すべて平等な存在として見るべきだ」という非常にリベラルな考えの持ち主だったのです。

一八三六年、五年間の旅を終えてイングランドに帰国したダーウィンは、いきなり有望な学者として注目を集めることになります。彼が旅先から送った標本類が貴重な資料として学界で大きな評判を呼んでいたのです。おそらくは大学の教授の職に就くこともできたはずですが、彼が選んだのは、親の財産を食いつぶしながら好きなことだけを極める市井（しせい）の研究者の道でした。

その後のダーウィンは、旅先で得た生物や地質に関する記録や標本を整理しながら進化について考えていきます。帰国後に読んだ書物も彼の思考形成に大きな影響を与えました。古典経済学者トーマス・ロバート・マルサス*[14]の著書『人口論』もその一冊です。

「人間はそのままでいると繁殖を繰り返して加速度的に数が増えていくが、食料の増え方には限りがある。そのため人口が増えすぎると貧困や悪徳が生まれ、それが人口を抑制する要因になる」――というのが人口論の考え方です。この本は、生物の個体間のさまざまな競争の大切さを、ダーウィンに明確に気づかせました。この本を読んだことと、自分自身が世界一周で観察した事柄をもとに、彼は、創造論とデザイン論を捨てて進化論者になりました。

しかし、進化が起こったということを示すには、さらに多くの事実を集めねばならず、帰国後も、世界各国のイギリスの駐在員たちと「そちらの島には何色のネズミが生息していますか?」「西アフリカ人と別の人種が結婚した場合、どんな子どもが何人くらい生まれていますか?」といった手紙を、何千通もしつこくやりとりしながらデータ収集を行なっています。

『種の起源』の出版が遅れた理由

そうして丹念に学説やデータを一つずつ積み上げていった末に、ダーウィンはようやく「進化論」に確信を抱くようになります。『種の起源』が出版されたのは一八五九年。ビーグル号の旅から帰国してなんと二十年以上かかったことになります。

なぜこれほどまでに出版が遅れたのでしょうか。それは、ダーウィンがこの理論を発表すべきか否か、ずっと迷っていたからです。

先ほど述べたように、進化論はキリスト教の教義を否定することにつながる、ある意味〝危険〟な学説です。ダーウィン以前にも「生物は変化していく」という学説を述べた学者は何人かいましたが、彼らがことごとく糾弾されたのを知っていたので、ダーウィンは発表を躊躇したのです。世間からの批判を跳ね返すためには、反論の余地がないほど完成度の高い論文をつくる必要があります。その作業を念入りに進めているうちに二十年が過ぎてしまったとも言えます。でも、もしかすると、ある一件がなければ、さらに『種の起源』の発刊は遅れていたかもしれません。

ダーウィンに論文の発表を決意させるきっかけとなったのは、ライバルの出現でした。一八五八年のある日、博物学者アルフレッド・ラッセル・ウォレス[*15]という学者からの手紙をダーウィンは受け取ります。そこには、なんと！　自分が考えていた理論とほぼ同じものが書かれていました。ダーウィンの著作をヒントに思いついた理論ということもあり、ウォレスはおうかがいを立てる意味で手紙を送ってきたのですが、このままでは彼に先を越されてしまうかもしれない――そう思ったダーウィンは急遽、二人の共同発表という形をとって「自然淘汰説」と題した論文を学会で発表します。

しかし、この時は思っていたほどの反響はなかったようで、ダーウィンは自分の学説をもっと広く世間に伝えようと、一般向けの書籍として『種の起源』を出版します。この本はたちまちベストセラーとなり、大反響を呼ぶことになりました。当然そのなかには批判的な意見も数多くありました。神の存在を否定する理論であったことも批判の理由のひとつですが、人間を他の生き物と並列の存在ととらえた部分に多くの人は反感を覚えたようです。ダーウィンは、「人間も進化の一過程に過ぎず、他の多くの生き物と同じにすぎない」と言っているわけですから、人間を自然界の頂点に君臨する特別な存在と考える人にとっては、我慢がならないものだったのです。

品種改良から進化のプロセスを探る

では、その『種の起源』には具体的にどのようなことが記されているのか、ここから内容の解説に移りましょう。

まず、ダーウィンは第1章で人間による動植物の品種改良の話を例に挙げながら、生物の「変異」について考察しています。変異とは「違い」のことです。同じ種の植物のなかにも背の高さや花の色、実の付け方、葉の形など、他のものとは際立った違いを持つ個体が生まれることがあります。動物についても同様です。体が特別に大きかったり小さかったり、体毛の色が異なっていたり、角や牙がなかったりといった変異が生じることがあります。

人間は、こうした変異を利用して、遥か昔からより有益な植物や動物をつくるための品種改良を行なってきました。特徴のある個体の受粉・生殖を繰り返すことで、徐々に変異が固定化して、元の個体とはまるで違った動植物が誕生するということを、農家の人たちは経験則で当たり前のこととして知っていたのです。

この事実だけを見ても、「神がすべての生き物をつくって、その後は変化してこなかった」というキリスト教的世界観が誤りであることは明確なはずですが、ダーウィン以前の学者は、誰一人として品種改良に注目する人はいませんでした。

当時の学者は上流階級出身者がほとんどで、農家で行なわれている品種改良になじみがなかったというだけでなく、彼らは生物学と農家の品種改良を結びつけて考えるのは無意味と思っていたのです。リンネが「変異はノイズであり本質ではない」と考えたのと同様に、品種改良によって生まれる種も単なるノイズととらえていたのでしょう。

しかし、変異にこそ生物の不思議を説明できる鍵が潜んでいると考えたダーウィンは、変異をきっかけに生き物が変化していくプロセスを証明するものとして、品種改良に注目します。品種改良は人為的に行なうものですが、変異から野生種とは異なる別の個体が生まれるとすれば、自然界においても同じことが起こっている可能性が潜んでいることになります。自然界で起こっている変化のプロセスは非常にゆっくりなので、実際に確認することはできないけれども、人為淘汰による品種改良のプロセスは速いうえにすべて記録されているわけだから、それを調べていけば、自然界で起こっていることも証明できるはずだ――と彼は考えました。

『種の起源』のなかでダーウィンは、生物に起こる変異を説明するためにさまざまな事例を挙げていますが、なかでもよく知られているのが、飼いバトの品種についての考察です。

当時のイギリスではハトを飼うのが流行(はや)っていて、さまざまな品種のハトが育てられていました。クジャクのような尾羽を持つファンテール、首の羽毛が襟(えり)巻き状になったジャコビン、短くて幅の広い嘴(くちばし)を持ったバーブなど、同じハトと言っても、見た目は驚くほど異なっています。人為的にこれらをつくったとすれば祖先であるハトがどこかに存在するはずです。それは一種類なのか、それとも複数存在するのか。当時、野生種の「カワラバト」がすべての飼いバトの祖先であるということはすでに常識となってはいましたが、それをダーウィンはこんなふうに理論的に証明しようと試みています。

飼いバトはそれぞれに非常に際立った特徴を持っているため、複数の祖先が複数存在するとすれば、原種は七種から八種いたことになります。しかし、現実にはそのような特徴を持つ複数の野生種は見つかりません。すべてが絶滅したとは考えにくいので複数説は怪しくなります。また、飼いバトの特徴である「樹の上に巣をつくらない」「木の枝にとまりたがらない」「岩棚を好む」といった性質を共通して持つ種は、野生種のなかにはカワラバトのほかには見つかりません。さらにダーウィンは、自ら交配実験を行なうなかで、白いファンテールと黒いバーブを掛け合わせると、三代目で先祖返りが起こり、野生のカワラバトと同じ色と模様を持ったハトが生まれることを知ります。こうしたさまざまな事例を挙げながら、飼いバトの祖先は一つであり、すべての飼いバトは野生種のカワラバトが起源と考えて正しいはずだ——と彼は論理的に証明していきます。

ここでダーウィンが言わんとしているのは、「カワラバトという一つの種からでも、外見も習性も大きく異なるさまざまな品種が生まれる可能性がある」ということです。つまり、この世にこれほど多様な生き物がいるのは、最初からすべてが存在したわけではなく、一つのものが変化して生まれたとも考えることができるのではないか、というのがダーウィンの主張です。

種とは個体差の延長に過ぎない

続く第2章では「種とは何か?」について論じています。かつてリンネは変異を無視することで「種」というカテゴリー分けを行ないましたが、変異に注目し、生き物は変化すると考えると、「種」の線引きがあいまいになってきます。そこでダーウィンは「種という確定したカテゴリーは存在しない」ととらえることにしたのです。

ここでも彼は、多くの事例を挙げて論証を試みています。たとえば、キイチゴ属やバラ属、ヤナギタンポポ属の植物のなかには個体差が非常に大きく、見た目だけでは一つの種とは判断しにくいものがあること。サクラソウの仲間であるプリムラ・ヴェリスとプリムラ・エラティィオールでは、見かけも分布する地域も異なるために別種ととらえられているが、二つを結ぶ中間的な植物がいくつも存在するのを見ると一つの祖先から生まれた変種のようにも思えること……などなど、自然界に潜む種のあいまいさを語りながら、以下のように結論づけています。

種と亜種とのあいだの明確な境界は未だにもうけられていない。(中略)おまけに、亜種と明瞭な変種とのあいだにも、不明瞭な変種と個体差とのあいだにも、明確な区分はない。そうした差異が互いに混ざり合い、切れ目のない系列を形成しているのだ。そういう系列を見ると、その生物が実際にたどってきた経路が見えてくるような気がする。

(渡辺政隆訳、光文社古典新訳文庫『種の起源』第2章より引用。以下、引用元同)

亜種や変種というのは、リンネの分類で言うと種の下位に属するもの、マイノリティーとして存在するもののことです。リンネはそこに線引きを設けましたが、ダーウィンは、種・亜種・変種というものはすべてが連続しているととらえました。生き物のなかの個体差が変種を生み、明瞭で永続的な変種はやがて亜種となり、それが種となる。種は確定したものでなく、個体差の延長としてとらえるべきではないか――というのがダーウィンの種についての基本姿勢です。

酸素や窒素といった元素などの無機物は、変異することのない確定したカテゴリーです。しかし、生き物はそうではありません。人間は「食べ物か、食べ物でないか」といったように、すべてのものを二元的に区分けしようと考えがちですが、「その考え方を一度壊してください。種という考え方にこだわっていては本質を見失ってしまう」とダーウィンは、ここで私たちに投げかけているのです。

実は、生物学の世界では「種とは何か？」という定義についての論争は今も続いています。ダーウィン同様に「種の定義にこだわっていたら、本質的な問題に到達できない」と考える人がいる一方で、「種とは何かを定義しないと何もはじまらない」と主張する学者もいます。たしかに「種」をどう定義するのかは、非常に難しい問題なのです。

一九三〇年代に、ドイツの生物学者エルンスト・マイヤー[*16]が「個体同士が繁殖できて、その結果としてできた子どもも繁殖可能で、その後も存続していける個体集団が種である」と一応は定義しました。リンネも、繁殖によって存続していける個体の集合を種とみなしていました。それでも、この考え方にも疑問が残ります。たとえば、自己分裂で増えていくバクテリアなどは個体同士が繁殖行動を行なわないため、マイヤーの定義は使えません。植物では、接ぎ木で違う種を一つにすることもできるので、個体という概念すらもあいまいになります。

さらに脊椎動物のなかには、輪状種と呼ばれる個体群が存在します。輪状種の例としてよく挙げられるのが、北極のまわりを一周するように分布しているセグロカモメの仲間です。カモメは生息している地域によって、さまざまな亜種に分類されるのですが、イギリスやスカンジナビア半島近くに生息するカモメは、その西のアイスランドやグリーンランドのカモメとは繁殖可能です。アイスランドやグリーンランドのカモメはさらにその西の北アメリカに生息するカモメとは繁殖可能……と、そうやって隣接した地域のカモメ同士の間では繁殖できるのに、ぐるりと地球を回った最後のところと最初のところのカモメ同士だと繁殖不能になっています。こういう場合は、どこからどこまでが同じ種と呼んでいいのかがわかりません。

ダーウィンが指摘したとおり、「種」の定義というものは不確かなものなのです。『種の起源』というタイトルだけを見ると、この本は「種」について書かれたもののように思われがちですが、実は彼は「種」にはまったくこだわっていません。逆に、それまでの「種」という概念を壊すことから、思索をスタートさせているのです。

『種の起源』14章の構成

第1章　飼育栽培下における変異
（Variation under Domestication）

第2章　自然条件下での変異（Variation under Nature）

第3章　生存競争（Struggle for Existence）

第4章　自然淘汰（Natural Selection）

第5章　変異の法則（Law of Variation）

第6章　学説の難題（Difficulties on Theory）

第7章　本能（Instinct）

第8章　雑種形成（Hybridism）

第9章　地質学的証拠の不完全さについて
（On the Imperfection of the Geological Record）

第10章　生物の地質学的変遷について
（On the Geological Succession of Organic Beings）

第11章　地理的分布（Geographical Distribution）

第12章　地理的分布承前
（Geographical Distribution—continued）

第13章　生物相互の類縁性、形態学、発生学、痕跡器官
（Mutual Affinities of Organic Beings:Morphology:Embryology:Rudimentary Organs）

第14章　要約と結論（Recapitulation and Conclusion）

『種の起源』唯一の図版

生命の樹

『種の起源』の中核をなす理論「自然淘汰」を説明する第四章に掲げられた図。「変異」を通して生物が分岐していくようすを表している。「変異」した子孫が構造を多様化すればするほど生存できる可能性が高くなるという原理が、自然淘汰の原理や絶滅の原理と組み合わさることで、どのような作用を及ぼすのか――。ダーウィン進化論のエッセンスがこの図に詰まっている。

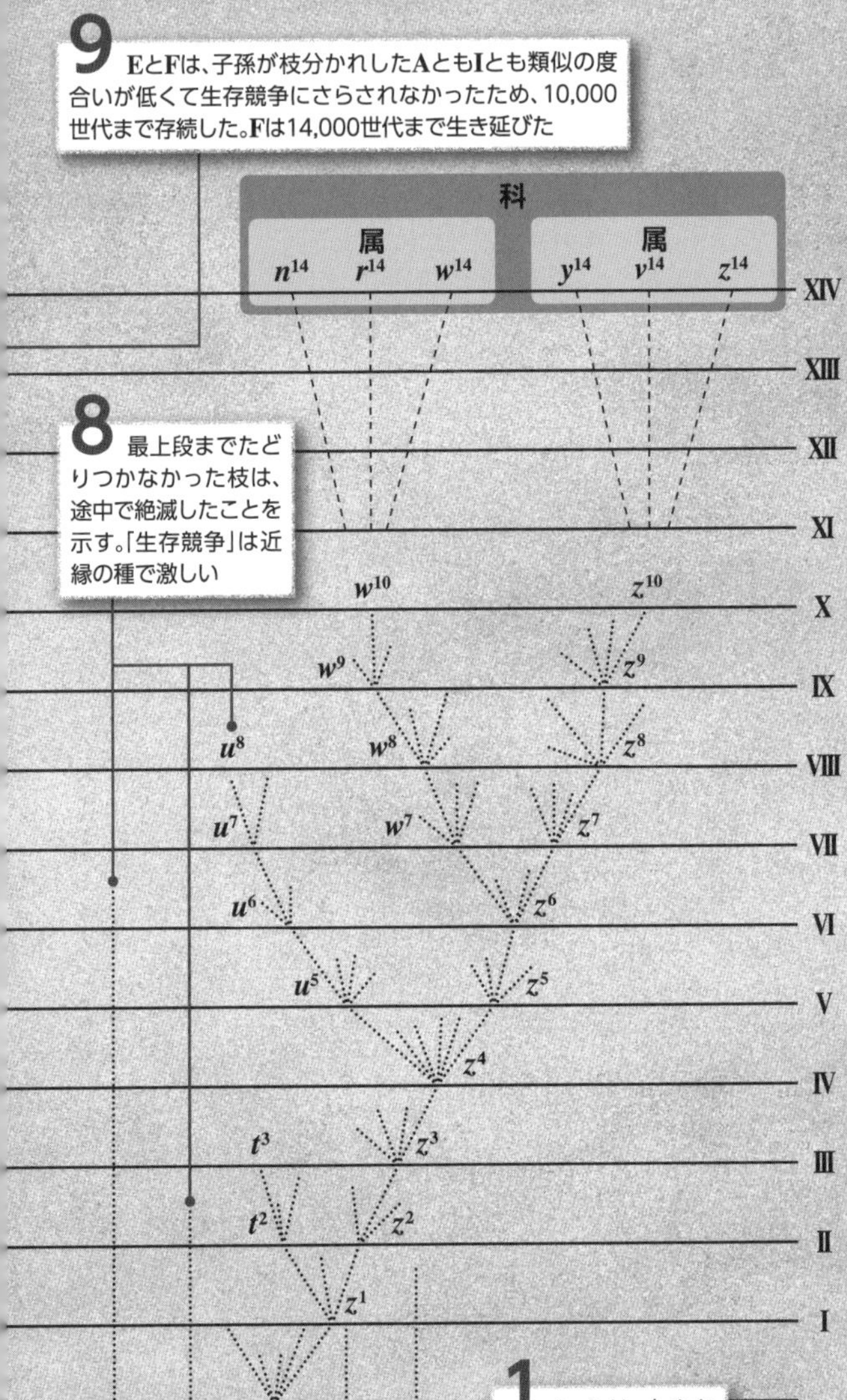

9 **E**と**F**は、子孫が枝分かれした**A**とも**I**とも類似の度合いが低くて生存競争にさらされなかったため、10,000世代まで存続した。**F**は14,000世代まで生き延びた

8 最上段までたどりつかなかった枝は、途中で絶滅したことを示す。「生存競争」は近縁の種で激しい

1 **A～L**は、大きなひとつの「属」に所属する「種」を表している（ひとつの属に多くの種が含まれるアリなどの昆虫を想定すると分かりやすい）。記号間の距離は、種どうしの類似度を表す。遠いほど形質が異なる

科

属 n^{14} r^{14} w^{14}

属 y^{14} v^{14} z^{14}

XIV XIII XII XI X IX VIII VII VI V IV III II I

w^{10} z^{10} w^{9} z^{9} u^{8} w^{8} z^{8} u^{7} w^{7} z^{7} u^{6} z^{6} u^{5} z^{5} z^{4} t^{3} z^{3} t^{2} z^{2} z^{1}

G H I K L

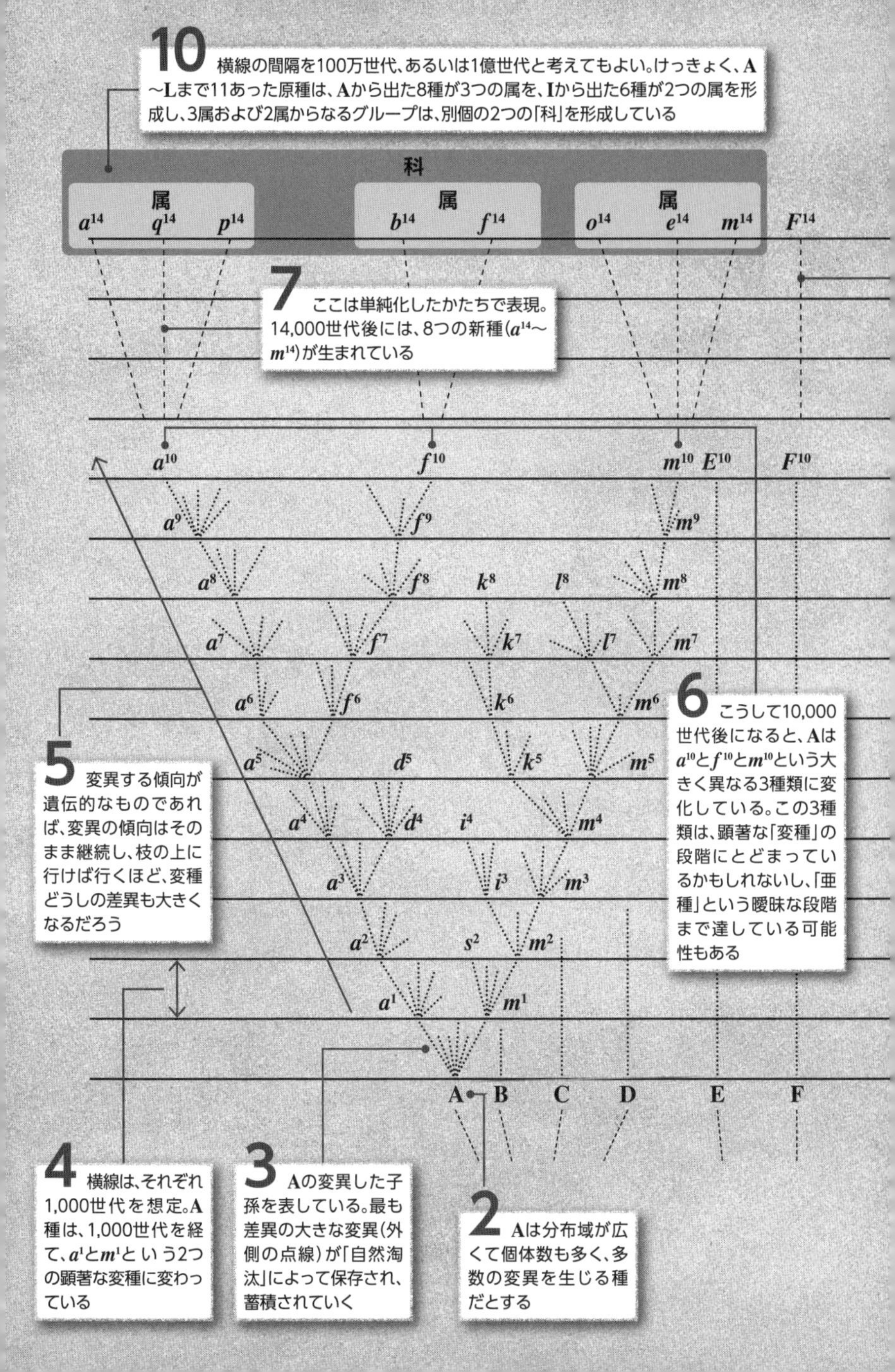

10 横線の間隔を100万世代、あるいは1億世代と考えてもよい。けっきょく、A～Lまで11あった原種は、Aから出た8種が3つの属を、Iから出た6種が2つの属を形成し、3属および2属からなるグループは、別個の2つの「科」を形成している
科
属
属
属
a^{14} q^{14} p^{14} b^{14} f^{14} o^{14} e^{14} m^{14} F^{14}
7 ここは単純化したかたちで表現。14,000世代後には、8つの新種（a^{14}～m^{14}）が生まれている
a^{10} f^{10} m^{10} E^{10} F^{10}
a^9 f^9 m^9
a^8 f^8 k^8 l^8 m^8
a^7 f^7 k^7 l^7 m^7
a^6 f^6 k^6 m^6
a^5 d^5 k^5 m^5
a^4 d^4 i^4 m^4
a^3 i^3 m^3
a^2 s^2 m^2
a^1 m^1
A B C D E F
6 こうして10,000世代後になると、Aはa^{10}とf^{10}とm^{10}という大きく異なる3種類に変化している。この3種類は、顕著な「変種」の段階にとどまっているかもしれないし、「亜種」という曖昧な段階まで達している可能性もある
5 変異する傾向が遺伝的なものであれば、変異の傾向はそのまま継続し、枝の上に行けば行くほど、変種どうしの差異も大きくなるだろう
4 横線は、それぞれ1,000世代を想定。A種は、1,000世代を経て、a^1とm^1という2つの顕著な変種に変わっている
3 Aの変異した子孫を表している。最も差異の大きな変異（外側の点線）が「自然淘汰」によって保存され、蓄積されていく
2 Aは分布域が広くて個体数も多く、多数の変異を生じる種だとする

＊1 アリストテレス

前三八四〜前三二二。古代ギリシャの哲学者。十七歳でプラトンに師事し、政治、文学、博物学、物理学など幅広い学問を修め、哲学大系を打ち立てた。主著は『動物誌』『自然学』『政治学』『詩学』など。

＊2 マルコ・ポーロ

一二五四〜一三二四。イタリア・ヴェネチア出身の旅行家。一二七一年から父・叔父と中央アジアを旅し、元に到達。十七年間フビライに仕え、中国各地を旅行する。帰国後、戦乱で捕虜となり、獄中で『東方見聞録』を口述。主にモンゴルの歴史について記したものだが、日本(ジパング)についての記述もある。

＊3 コロンブス

一四五一?〜一五〇六。イタリア・ジェノヴァ生まれの航海者。一四九二年八月、スペイン女王イサベル一世の支援を受けインドへ出航し、十月にバハマ諸島に到着。以後二度の航海で南米北部や中米を探検する。自身の到達地をインドと信じ、先住民をインディオと命名した。

＊4 カール・フォン・リンネ

一七〇七〜七八。スウェーデンの博物学者。『自然の体系』(一七三五)で、二十四綱分類法(植物をおしべとめしべの特徴に基づき二十四種類に分類する)を発表し、植物分類学の基礎を築く。『植物の種』(一九五三)で、生物を属名と種名で表す「二名法」を確立した。

＊5 ウィリアム・ペイリー

一七四三〜一八〇五。イギリスの聖職者・神学者。著書『自然神学』のなかで「時計職人のアナロジー」を展開し、デザイン論を主張した。

＊6 アウグスティヌス

三五四〜四三〇。初期キリスト教の教父。北アフリカのタガステ生まれ。マニ教や新プラトン主義への傾倒を経て、三八七年にキリスト教に回心。以後、プラトン哲学とキリスト教神学を集大成し、中世へ向けて神学の基礎を開く。主著は『告白』『神の国』。

＊7　トマス・アクィナス

一二二五？～七四。イタリアの神学者・哲学者。アリストテレス哲学とキリスト教神学の調和を探求し、スコラ哲学の基礎を確立した。主著は『神学大全』『存在と本質について』。

＊8　ルビンの壺

デンマークの心理学者ルビン（一八八六～一九五一）が考案。壺の絵にも、向かい合う二人の横顔の絵にも見えるという多義図形の代表。

＊9　アダム・セジウィック

一七八五～一八七三。イギリスの地質学者。ケンブリッジ大学地質学教授として、ウェールズ北部で地質調査を実施。地質時代区分の「カンブリア紀」「デボン紀」を命名したことで知られる。

＊10　ジョン・スティーヴンス・ヘンズロー

一七九六～一八六一。イギリスの植物学者・地質学者。一八二二年にケンブリッジ大学鉱物学教授に任命されるが、植物への興味から植物学教授に転向、ケンブリッジ大学に植物園を開設した。牧師として教区の教育環境整備などにも尽力した。

＊11　チャールズ・ライエル

一七九七～一八七五。スコットランド出身の地質学者。イギリス各地での調査研究をもとに『地質学原理』（一八三〇～三三）を著し、地表の変化は自然変化によるとする「斉一説」を発展させ、近代地質学に多大な影響を与えた。「現在は過去を説く鍵である」の名言で知られる。

＊12 斉一説

過去の地質現象は、現在の自然現象と同じ作用で行なわれたとする考え。イギリスの地質学者ジェームズ・ハットン（一七二六～九七）が提唱し、ライエルが発展・普及させた学説。これ以前は、過去の火山噴火や大洪水によって現在の地質構造が形成されたとする「天変地異説」が主流だった。

＊13 『ビーグル号航海記』

一八三一～三六年の航海の間、ダーウィンは動植物や地質・地理における観察結果を記録した。一八三九年初版発行。

＊14 トーマス・ロバート・マルサス

一七六六～一八三四。イギリスの経済学者。ヘイリベリ・カレッジの歴史学・経済学教授に就任中、『人口論』（一七九八）を発表。そのなかで説いた人口原理を「マルサス主義」と呼ぶ。

＊15 アルフレッド・ラッセル・ウォレス

一八二三～一九一三。イギリスの博物学者。アマゾンやマレー諸島でのフィールドワークを経て、種の概念を発想する。自然淘汰説を構想し、論文「種が限りなく原型から分離する傾向について」（一八五八）をダーウィンに送り、同年のリンネ学会でダーウィンの論文とともに発表した。マレー諸島における動物相を二分する境界線（ウォレス線）を発見したことでも知られる。

＊16 エルンスト・マイヤー

一九〇四～二〇〇五。ドイツの生物学者。アメリカ自然史博物館を経て、一九五三年から定年（一九七五年）までハーバード大学に勤務。ダーウィンの進化論とメンデルの遺伝学からなる生物進化の総合説を唱えた。

第2章——進化の原動力を解き明かす

ゾウガメ

キリンの首はなぜ長いのか？

「生き物は変化していく」ということの科学的議論の詳細を初めて世に打ち出したダーウィンですが、もちろん彼以前にも、それに近い考えを抱いた学者は存在しました。古代ギリシャの哲学者、アナクサゴラス[*1]、エンペドクレス[*2]などは、いろいろな生き物やそのパーツがもともとこの世にばらまかれ、それらのなかからうまく生き残れたものが現在見られる動物や植物になったという考えを示しています。証拠も挙げられていませんし、科学的とはとても言えませんが、現在見られる生物が、初めからこのような形で存在したとは考えていないという点で、「進化論」的と言えるでしょう。

十八世紀のフランスの博物学者ジョルジュ＝ルイ・ルクレール・ド・ビュフォン[*3]も進化的な考えを唱えたことで知られています。彼は「北米のバイソンは、ヨーロッパの牛の一種が移動し、環境に合うように進化したものではないか」と予想したほか、生き物の「痕跡器官」（退化して本来の機能を果たさなくなった器官）に注目し、それは種が変容した名残であると示唆しました。

また、ダーウィンより少し前に生きたフランスの博物学者ジャン＝バティスト・ラマルク[*4]も初期の進化論者の一人です。彼は「用不用説」という学説をベースに、進化のプロセスを初めて理論化したことで知られています。用不用説とは、「動物が生活のなかでよく使う器官は次第に発達し、使わない器官は退化していく。そしてその形質は子孫に遺伝し、進化の推進力になる」という考え方のことです。第1章の冒頭で「キリンの首が長くなったのは、高い場所にある木の葉を食べようとして首を伸ばしていたため」とするのは誤りであると指摘しましたが、このような説を唱えたのがラマルクです。

キリンの首の話は、もともとはラマルクが著書『動物哲学』のなかで、用不用説をわかりやすく説明するためのたとえ話として挙げたもので、「キリンが首を伸ばす努力を続けていたら、その身体的特徴が子に引き継がれ、何世代も経るうちに徐々に首が長くなっていった」というのが大筋です。もし、親が努力で獲得した能力や形質が子どもに継承されるとすれば、ボディビルダーの子どもは生まれながらに筋骨隆々としていることになりますが、そのようなことは起こりません。獲得形質（後天的に身につけた能力や形質）は遺伝しないのです。

『種の起源』にキリンの話は登場しませんが、ダーウィンの自然淘汰の理論を用いてキリンの首が長くなった理由を説明するとどうなるでしょうか。

ダーウィンは、生き物には個体差や変異が必ずあると考えますから、首の長さがさまざまに異なるキリンがいつもいたと設定します。そこで、高い所にある葉を食べられるほうが生存にとって有利だったと仮定しましょう。そうすると、より長い首を持った個体のほうが生き残って子どもを残す確率が高くなります。そのような「生存競争」を繰り返すなかで、生存と繁殖に有利な変異が次の世代に継承されていくので、次の世代には、前の世代よりも首の長い個体の割合が多くなっていく、ということになります。こうしたプロセスを何百万年も繰り返していくうちに、キリンの首の長さは今のように長くなっていった――と考えるのがダーウィンの理論です。

二人の説の違いは、ラマルクが進化の理由を「獲得形質の遺伝」としたのに対し、ダーウィンは「生存競争と自然淘汰が進化を引き起こす」と考えた点です。当時は、まだ遺伝の仕組みが明らかになっていなかったため、どちらの説が正しいかは明らかになりませんでした。ダーウィン説が正しいと理解されるようになったのは、二十世紀に入り、遺伝子研究や分子生物学が発展し、なぜ変異が生じ、それがどのように次世代に受け継がれるのかがわかるようになってからのことです。

ところで、キリンの首が本当にここで述べたようなプロセスで長くなったという証拠はありません。これはあくまで仮定の話です。

「生存競争」が進化の原動力

では、『種の起源』に戻って話を進めていきましょう。第1章では「変異」と「種」について解説しましたが、本章では「進化はなぜ起こるのか?」という進化のメカニズムを見ていきます。

進化の原動力として、ダーウィンは『種の起源』の第3章で「生存競争」について論じています。マルサスが『人口論』で述べたように、生き物は個体数の増加を抑える要因がなければ、その数を増やしていきます。最もゆっくりと繁殖をする動物の例としてゾウを取りあげてみます。ゾウは三十歳から繁殖を始め、九十歳まで繁殖を続け、その間に六頭の子しか残さないとしましょう。それでも、七百五十年ほどたてば、ひと組の親から生まれた子孫の数は千九百万頭にも達します。しかし、実際にはそこまでの数には上りません。なぜなら、同種・他種の個体間、生息する物理的な環境との間で、絶えず生存をめぐる競争があるためです。ダーウィンは、こうした生存競争が生物の進化の原動力になっていると考えました。

個体数が増えていくと、やがては食物をめぐる競争が始まります。競争に勝ち残るのは、他の個体よりも生存に有利な能力や形態を持った個体です。先のキリンの仮説で言えば、少しでも首が長いほうが食物をめぐる競争に有利に働きます。そして、有利な形質を持った個体がより多くの子を残し、その有利な形質が子孫に継承されることで進化が起こります。仮に低い位置にも豊富に食物があったならば、首の短いキリンが変化する必要はありません。他の個体よりも首の長いキリンが生まれたとしても、その性質を持つことがとくに有利でも何でもないので、その変異を持つ個体が集団中に増えていくことはなく、いずれは消えていくことでしょう。ひとことで言えば、「競争のない場所には進化は起こらない」というのがダーウィンの考え方なのです。

ここで注意していただきたいのが「競争」という言葉です。一般に競争とは、個体同士が戦って何かを奪い合い、強いものが生き残る「弱肉強食」の世界ととらえられがちです。しかし、ダーウィンの言う「生存競争」とは、個体同士が体をぶつけ合うそれだけを意味しません。彼は、この言葉を比喩として用いており、生物同士の依存関係も含めて、個体の生存と繁殖にかかわるすべての要因を「競争」としているのです。ライオンがシマウマを捕まえようとし、シマウマはライオンから逃げようとしていると言うと、ライオンとシマウマが競争しているように見えますが、実は、ライオンはライオン同士の間で、よりよく獲物を捕まえる競争をしているのであり、シマウマはシマウマ同士の間で、よりよく逃げられる競争をしているのです。また、砂漠に生えている植物同士は、一見、何も競争していないように見えますが、それらの植物同士の間で、より乾燥に強いものが残るという競争をしているのです。

ダーウィンは、ありとあらゆる環境に競争が存在すると考えました。植物は、効率よく水を吸収できる株とできない株では、前者のほうが生き残って次世代を残す可能性が高くなります。飛び方の上手なスズメとうまく飛べないスズメは、お互いが戦うわけではありませんが、前者のほうが高い確率で生き残って繁殖していくでしょう。このように見ると、生存競争とは、「食うか食われるか」といった捕食者と被食者との関係をさしていることがおわかりいただけると思います。また、人間のスポーツ選手が試合中に感じているような「競争心」というものと、生物界におけるいろいろな競争のあり方とは、異なるものだということにも気づいていただけると思います。

自然界の生態系に気づいていたダーウィン

さらにダーウィンは、動植物間の複雑な関係にも注目しています。自然界では、同じ植物間、動物間の生存競争のほかに、動植物が思わぬ影響を与え合っているケースがあります。その一例として彼が挙げているのが、ヒースの茂る荒れ野の植生の変化です。ヒースとは、背が低くて横に這う灌木(かんぼく)で、この植物が優占(ある種が他の種よりも優勢であること)している荒れ野が、イングランド北部やアイルランドに特有に見られます。人の手が加わっていないヒースの荒れ野にアカマツを植樹すると、その周囲の植生ががらりと変わります。それまで生育していた植物の比率が変わるだけでなく、以前には見られなかった植物が生えてきて、集まる昆虫の種類に変化が生じ、それを捕食する鳥の種類にも変化が現れるのです。

また、ヒースの茂みに柵(さく)で囲いをつくって牛が入り込めないようにした場合も、植生に変化が生じます。それまでは見られなかったアカマツの若木がどんどん生えてくる。なぜなら、以前はすべて牛に食べられていたアカマツの芽が育つようになったからです。

こうした事例からわかるのは、もともとヒースの荒れ野にあった競争パターンが、樹木を植えたり、柵で囲んだりするだけで、別の競争パターンに変化するという事実です。つまり、生存競争というものは絶対的な軸によって決められたものではなく、さまざまな関係性のなかで常に変わっていく――とダーウィンは考えたのです。

こうした生存競争のとらえ方は、ラマルクの進化論にはなかったものです。ラマルクが示したのは、キリンの餌になる葉がついた木の高さだけがキリンの生存を決定するという定常的な決定論でした。一方のダーウィンは、競争というものを決定論としてではなく、方向の定まらない流動的なものとしてとらえていたのです。

> 小競り合いが入れ子状に延々と続き、勝利の行くえも定まらないはずなのだ。それでも長い目で見れば、生物相互の力はみごとに均衡しており、些細なことで勝者の顔は変わりつつも、自然の見かけ自体は長期にわたって同じままである。
>
> （第3章）

十九世紀の当時、生き物のバランスや連鎖によって地球環境が保たれているという「生態系」といった考え方はまだ存在していません。にもかかわらず驚くべきことですが、ダーウィンはこの時すでに生態系の存在に気づいていたということでしょう。

そしてダーウィンは、「なぜ地球上にはこれほど多様な生き物が存在するのか？」という疑問に対する回答も示しています。その答えを導き出すための立脚点になっているのが、「生存競争のなかでもっとも熾烈なのが、同種の個体間の競争である」という仮説です。同種の生物は、生育環境や食物など好みも似ていますし、天敵も似ています。それゆえに、同じ場所に似た生き物が二種類いる場合は、当然のことながら食物や資源を巡る争いが激しくなります。そして最終的には、競争相手をしのぐ利点を持つ個体群だけが生き残ることになります。

ダーウィンは、このことを証明するために、数種類の小麦の種子を畑に撒くと最終的には単一の種が畑すべてを覆い尽くしてしまうことや、スイートピーやヒツジについても同様の結果が得られることなどを例に挙げています。

ダーウィンの説が正しいことは、その後科学的にも実証されています。一九五〇年代に旧ソ連の生態学者ゲオルギー・ガウゼ[*5]が発表した「競争的排除の原理」がそれです。二種類のゾウリムシを同数、一つの水槽に閉じ込める実験を行なったところ、最初は両方とも個体数が増加するものの、最終的にはどちらか一方が必ず死滅することがわかりました。同じ欲求を持つ複数の種が同じエリア内にいた場合、安定的に共存することは難しくてどちらかが滅ぶ、というのがガウゼの「競争的排除の原理」です。

では、同じ場所で共存し続けるためには、生き物はどうすればよいのでしょうか。そう、できるだけ他と競合しない、異なった習性や特徴を持てばいいのです。食べ物や好む環境が他と異なっていれば競争に巻き込まれる確率も少なくなり、生存と繁殖の可能性がおのずと高くなります。競争を通じて、似た生き物のどちらかが絶滅し、他とは似ていない性質を持つ生き物だけが地位を確保していく——そうした競争のプロセスがあったからこそ、生物には多様性が生まれてきたに違いありません。

ただ、誤解を招くことがないように、ここでもひとつ注意しておきたいことがあります。生き物は自ら環境に適応しようという「目的」を持って変異してきたわけではありません。たまたま生じた変異のなかに、その環境で存続するために有利なものがあったというだけなのです。

変異は自然に選択されている

次に、「生存競争」とともに進化の原動力となっているもう一つの作用を見てみましょう。それが『種の起源』第4章で述べられている「自然淘汰」です。自然淘汰とは、ダーウィンの定義によると「有利な変異は保存され、不利な変異は排除される過程」で、簡単に言うと「環境に有利な形質は存続し、そうでない形質は消える」ということです。たとえば寒い地域において、ある生き物に体毛の薄い個体と濃い個体がいたとしましょう。この場合は、体毛が濃い個体のほうが薄い個体よりも寒さに対する適応がすぐれているため、生存競争に勝って生き残り、子孫を残す確率が高くなります。体毛の濃さは遺伝的な個体差、変異であるため、その子孫は同じ変異を受け継ぐことになり、最終的にはその個体群は体毛の濃いタイプばかりになっていく――これがダーウィンの考えた、変異が自然淘汰されていくプロセスです。

自然淘汰は、世界のいたるところで一日も一時も欠かさずに、ごくごくわずかなものまであらゆる変異を精査していると言ってよいだろう。悪い変異は破棄し、よい変異はすべて保存し蓄積していく。（中略）あらゆる時と場所で静かに少しずつその仕事を進めている。長い年代が経過するまで、ゆっくりと進むその変化にわれわれが気づくことはない。（第4章）

自然淘汰で変異が起こるスピードは、人為的な品種改良と比べて非常に時間がかかるため、人間がその変化を目にすることは稀（まれ）です。しかし、変異の蓄積に長い時間をかけることで、羽を持たずに陸上で生活していた生き物が羽を持つようになるといった、まったく不可能と思えることすら可能にする力を秘めているとも言えます。小さな変化が何百万年、何千万年の時を経て蓄積されていくにつれて、大きな変化を呼び起こすのです。

ダーウィンはさまざまな例を自然淘汰で説明しようとしていますが、生息地域によって羽色が異なるライチョウの事例もその一つです。ライチョウの仲間は住む場所によって羽の色に大きな違いが見られます。雪深い高山に生息するライチョウの冬の羽色は白、泥炭の蓄積した湿地に住むクロライチョウは泥炭色、荒れた草地に住むヌマライチョウは紫紅色と、同じライチョウの仲間とは思えないほど、それぞれ違う羽色を持っています。なぜ同じ仲間でありながら、このように多様な形態を持つライチョウが各地に分布しているのでしょうか。

ダーウィンはこれを次のように説明します。ライチョウの天敵はタカなので、なるべく上空から目につきにくい羽色のほうが生存には適しているでしょう。それぞれが置かれた環境で、最も生存に有利な変異が長い年月をかけて蓄積されていった結果として、地域による個体群の違いが生まれていったと考えられます。

自然淘汰が進化をひきおこすことを実証した最近の例として、プリンストン大学の生態学者グラント夫妻[*6]が一九九四年に発表した「フィンチの嘴（くちばし）の研究」をここでご紹介しておきましょう。

グラント夫妻は、ガラパゴス諸島に生息する「ガラパゴス・フィンチ」を一九七三年から長期間にわたって調査しています。ガラパコス・フィンチとは、黒茶色の地味な色をした体長一五センチメートルほどの鳥で、諸島内に十四種ほど生息しています。どれ

グラント夫妻のガラパゴス・フィンチの研究

カール・ジンマー著、長谷川眞理子監修
『進化 生命のたどる道』（岩波書店）掲載の図版をもとに作成

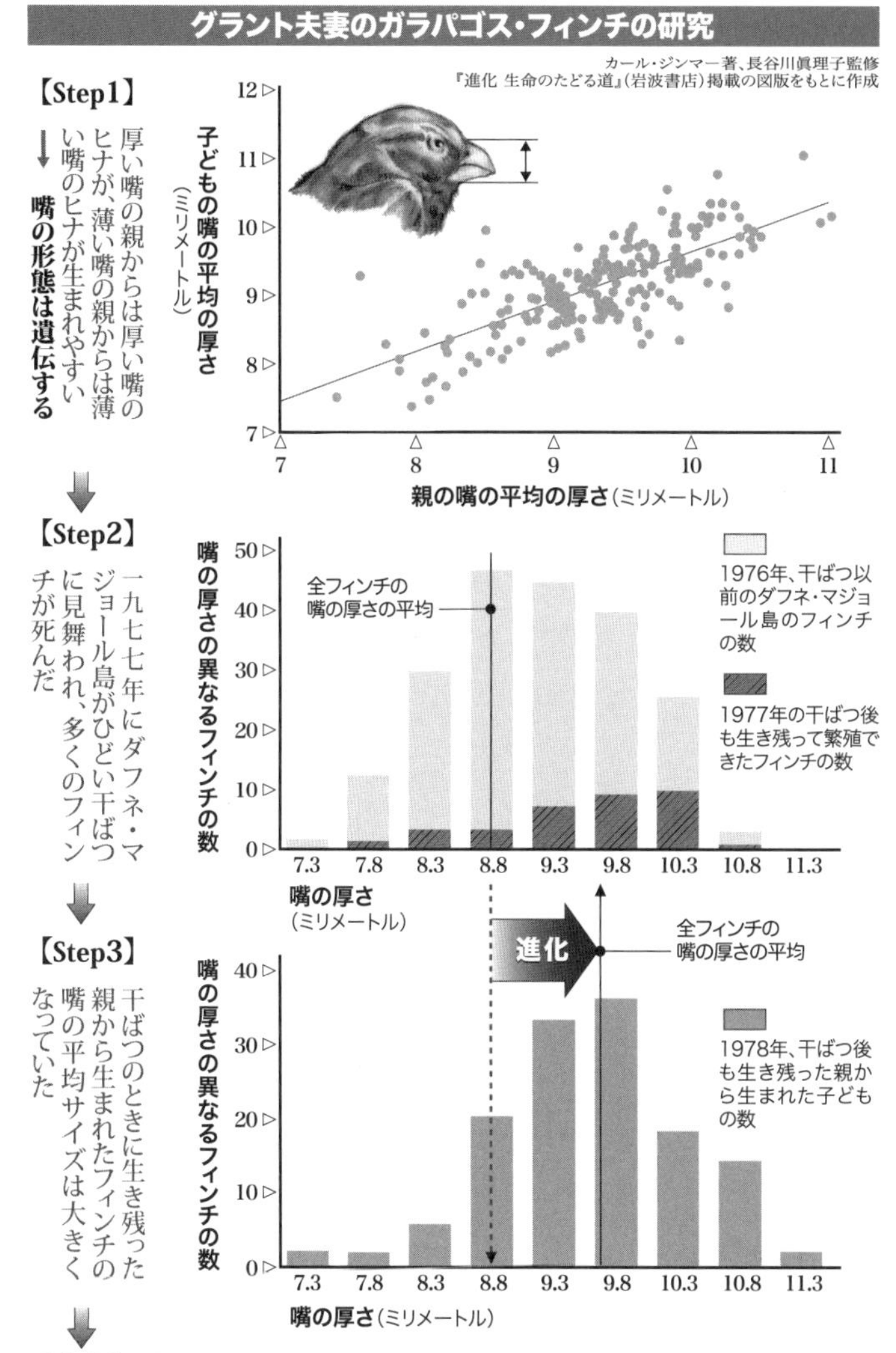

【Step1】

厚い嘴の親からは厚い嘴のヒナが、薄い嘴の親からは薄い嘴のヒナが生まれやすい

↓

嘴の形態は遺伝する

【Step2】

一九七七年にダフネ・マジョール島がひどい干ばつに見舞われ、多くのフィンチが死んだ

【Step3】

干ばつのときに生き残った親から生まれたフィンチの嘴の平均サイズは大きくなっていた

【考察】 嘴の厚い個体のほうが干ばつを生き抜く確率が高く、その結果、次の世代に多くの子どもを残すことができた

＝ガラパゴス・フィンチの嘴は、自然淘汰によって平均サイズが増加した

も羽色や姿は似ていますが、嘴の大きさと形状に大きな違いがあるのが特徴で、嘴の違いは食べ物の違いを表しています。大きくて厚い嘴を持つフィンチは堅くて大きな種子を食べ、細くて小さな嘴を持つフィンチは小さな節足動物や花の蜜を食べます。

この調査のなかで、グラント夫妻は自然淘汰の現場に立ち会うことになりました。ダフネ・マジョール島に「フォルティス」と呼ばれる比較的厚い嘴を持つフィンチが住んでいますが、グラント夫妻は島に生息するほとんどすべてのフォルティス約一〇〇〇羽に足輪をつけて個体識別し、定期的に嘴や羽、足などを計測したのです。しかし一九七七年、ガラパゴス諸島はひどい干ばつにおそわれ、多くの植物が枯れたことでフィンチたちの食物にも大きな変化が起こります。その影響でダフネ・マジョール島のフォルティスの八〇パーセント以上が死んでしまいました。グラント夫妻が生き残ったフォルティスを調査したところ、嘴の厚い個体が多いことがわかりました。それはいったいなぜでしょうか？

普通には「丈夫な嘴を持つ個体のほうが生命力が強いため、同じ食物を巡る生存競争に勝利したのだろう」と考えがちですが、事態はもう少し複雑です。実は、嘴の厚いフォルティスは、同じ食べ物を仲間と奪い合ったのではなく、彼らはそれまでとは異なる木の実を食べて生きのびていたのです。ふだん彼らが食べている小さくて柔らかい種子は干ばつの影響でなくなってしまいましたが、堅い殻に入った大きめの木の実は、干ばつ後も島に比較的たくさん残っていました。つまり、環境が変化したことで、堅い殻を割って食べることのできる厚い嘴を持った個体たちが生存に有利になったというわけです。その翌年、繁殖によって増えた若いフォルティスを調査したところ、前年までのフォルティスよりもさらに嘴が厚くなっていたと言います。まさにこれは、自然淘汰による進化のプロセスを実証したデータと言ってよいと思います。

自然淘汰はさまざまなものが影響し合って起こる

ダーウィンはまた、自然淘汰は生物と物理的な環境要因との関係だけで起こるのではなく、多くの他の生物も互いに影響し合っていると考え、花と昆虫の関係にも注目しました。花は昆虫が好む蜜や花粉を分泌し、昆虫は受粉の手助けをしていることは、みなさんもご存じですね。

ダーウィンは、花に集まる昆虫と植物との関係性のなかからも自然淘汰のプロセスを考えました。クリムソンクローバーの蜜を吸うミツバチと、アカクローバーの蜜を吸うマルハナバチを例に思考実験を繰り広げています。クリムソンクローバーとアカクローバーでは、花の形状や構造が異なるため、口吻（こうふん）の短いミツバチは花冠の筒が長いアカクローバーからは吸蜜できません。アカクローバーの受粉を助けられるのは長い口吻を持ったマルハナバチだけです。

では、もしある地域にアカクローバーだけが咲いている場合、ミツバチの個体のなかでは、口吻の長さが他よりも少しでも長かったり形状が違っていたりするものがあれば、そのミツバチは有利となります。一方、マルハナバチがいなくなってしまったらアカクローバーはどうなるのでしょうか。おそらく、ミツバチでも蜜を吸えるように花冠の筒が短い個体や、深く切れ込んだ花の形状を持つ個体が有利になるだろう、とダーウィンは予想します。

植物と昆虫が単独で変化していくのではなく、このように互いにとって一番よいかたちに適応しながら変化していく過程が考えられるのではないか。自然淘汰とは、生き物と環境の複雑な関係のなかで起こっている――と彼は主張したのです。

『種の起源』では、その後に続く「変異の法則」と題された第5章で「変異はなぜ起こるのか」についても論じられていますが、当時はまだ遺伝子というものが解明されていなかったため、この部分はあくまで仮説として書かれています。ラマルクと同じく「用不用説」を持ち出したり、遺伝する変異は主に生殖細胞が撹乱(かくらん)されることで生じると言ってみたり、前時代的な論理が中心になっているので、ここでは取り上げません。

『種の起源』が書かれた時代は、オーストリアの植物学者グレゴール・ヨハン・メンデル[*7]が、エンドウマメの研究によって遺伝の法則を明らかにしつつあった頃とちょうど重なるのですが、メンデルの法則が正当に評価されるようになったのはずっと後のことで、ダーウィンはまだ遺伝の法則を知りませんでした。もし、ダーウィンがメンデルの研究を知っていたなら「もっと早くに教えてほしかった」と、地団駄を踏んでくやしがったに違いありません。

中立進化説と自然淘汰説

遺伝子の話が出てきたので、現代の科学で明らかになっている遺伝の仕組みについても少し触れておきましょう。

まず、すべての生物は、細胞のなかに螺旋(らせん)状のDNAという分子で書かれた遺伝情報を持っています。これが生物のつくり方のレシピです。生殖細胞のなかには体の遺伝情報のちょうど半分が入っていて、精子と卵子が合わさることにより、それが結合し一個体としての遺伝子がそろって次の世代に情報が引き継がれることになります。

では、変異はどうやって起こるのでしょうか。DNAはアデニン(A)、チミン(T)、グアニン(G)、シトシン(C)という塩基が何百万個も並んだ構造になっています。このATGCの並び順がいわゆる遺伝情報で、この配列に変化が生じた時に変異が起こります。変異は遺伝子が複製される時のミスで生じるのですが、放射能などの外的因子は、このミスが起こる確率を上げます。こうした遺伝の仕組みが明らかになったのは『種の起源』から約一〇〇年を経た一九五三年、DNAの構造がわかるようになってからのことです。

さらにDNAの研究が進むなかで、ダーウィンの自然淘汰説とは異なる進化についての考え方が登場します。一九六八年に遺伝学者の木村資生(もとお)氏[*8]が発表した「中立進化説」がそれです。ダーウィンは、「自然淘汰が働くなかで、生存に有利な変異は次世代に受け継がれていき、不利な変異は消滅していく」と考えましたが、DNAのATGC配列を詳しく調べてみたところ、分子レベルでの変化のほとんどは自然淘汰に対して有利でも不利でもない「中立」な変化であることがわかったのです。とすれば、進化のほとんどは単なる偶然の産物であり、自然淘汰はまれにしか起こっていない——ということになってしまいます。「たまたま運に恵まれたものだけが残っていく」というのが、この説です。

木村氏自身は「中立進化説は自然淘汰の役割を否定するものではない」と主張しましたが、中立説はダーウィンの進化説を否定するものと受けとられ、「自然淘汰説VS.中立説」論争が一九八〇年代まで長く続きました。思えば、ダーウィンが進化の理論を提出した時、彼の自然淘汰による進化の考えに対抗する理論はキリスト教の創造論であり、科学的な理論ではありませんでした。木村の中立説は、ダーウィンの自然淘汰理論に対する、初めての科学的な対抗理論だったと言えます。

現在では、中立進化説はダーウィン説を否定するものではなく、進化は、中立進化と自然淘汰による適応進化の二つのプロセスからなると考えられています。たしかに、DNAに蓄積される大部分の変異は、有利でも不利でもない中立的なものがほとんどであるのは事実です。しかし、それは分子レベルから見た場合においてであり、わずかに生存に有利な変異は形態などのマクロなレベルでの進化に寄与していて、そこにはやはり自然淘汰が働いている、というのが現在の認識です。ガラパゴス・フィンチの例のように、自然淘汰の詳細がわかっている現象もたくさんあります。変異が広まるには「運」と、まれに起こる「自然淘汰」の組み合わせが必要である、というのが現在の進化に対する考え方の主流です。

誤解されがちなポイント

以上、ダーウィン進化論の骨子を説明してきましたが、彼の理論は、簡単に言うと「変異」「生存競争」「自然淘汰」の三つのキーワードで説明が可能です。

まず、生き物にはさまざまな「変異」というものが生じます。その変異のなかに他の個体よりも生存や繁殖に有利なものがあった場合は、「生存競争」のなかでその個体が生き延びて繁殖し、変異は子孫へと受け継がれます。そして環境に有利な個体は、不利な個体よりも多くの子を残すという「自然淘汰」を何百万年、何千万年も繰り返すなかで変異はどんどん蓄積され、もともとの個体群とは違った生き物が誕生していく――このプロセスが進化です。

進化理論自体は、それほど難しい話ではないのですが、根本的な部分でいくつか誤解されがちな点があるので注意が必要です。

まず一つめの誤解は、自然淘汰が「目的を持って」働いていると考えられやすいことです。自然淘汰が働く大前提は、生き物に遺伝的な変異があることですが、変異は環境とは無関係にランダムに生じます。現れた変異がたまたま環境に適していて、生存や繁殖のうえで有利となる場合に自然淘汰が働き、その変異が継承されるのです。現在では、変異は遺伝子の配列の変化によって生じることがわかっていますが、すべての変異は偶然の産物なのです。

もう一つの誤解は、「進化の歴史のなかで生き物はだんだん進歩してきた」と考えてしまうことです。「進化」「進歩」という言葉には、梯子（はしご）や階段を一歩一歩上に登っていくようなイメージがあります。ですから私たちは、生物は下等動物から高等動物へと進化し、その頂点に人間が君臨していると考えてしまいがちなのです。

でも、それは大きな間違いです。実際は、進化は梯子のようなプロセスではなく、枝分かれの歴史です。ダーウィンはこれを「特徴の分岐」と呼んで『種の起源』のなかで図版を使って表現しています。1章末で紹介した「生命の樹」と題された図を見てください。これを見ると、人間が生き物の頂点などではないことがよくわかります。今、私たちとともにこの世界に存在する生き物――ミミズもハトも、イチゴもスギも――すべては、それぞれの枝の最先端に並列に位置しているのです。

第1章の冒頭で「ゴリラはいずれ人間に進化すると考えるのは間違いだ」と私は指摘しましたが、その理由もこの図を見れば明らかです。ゴリラやチンパンジーや人間は、同じ祖先から分かれて進化しましたが、いずれも今は別々の枝の先端に立っています。ゴリラが何百万年もの時間のなかで、さらに別の生き物に枝分かれしていく可能性はありますが、それは決して人間に進化するということではありません。

また、「進化」を、単純なものから複雑で高度なものに変化する過程ととらえるのも間違いです。最初にこの世に現れた生物は単純な構造の単細胞生物で、その後に多細胞の複雑な生物が誕生していったのは事実ですが、必ずしも生き物は複雑な方向へと進化していったわけではありません。たとえば、寄生虫として他の動物の腸のなかで一生を送るようになった生き物には、祖先が持っていた内臓を失ったものもいます。一見、それは退化だと感じるかもしれませんが、生物学では退化は進化の反対語ではなく、退化も進化のなかの一側面ととらえています。

自然淘汰という考え方には、なぜこのような誤解がつきまとうのでしょうか。それは、私たち人間が、常に「昨日よりも明日はもっとよくなる」と信じながら、進歩することを目指し、目的を持って生きているからです。そのため、他の生き物に対してもつ

進化とは枝分かれの過程である

【梯子型進化観】

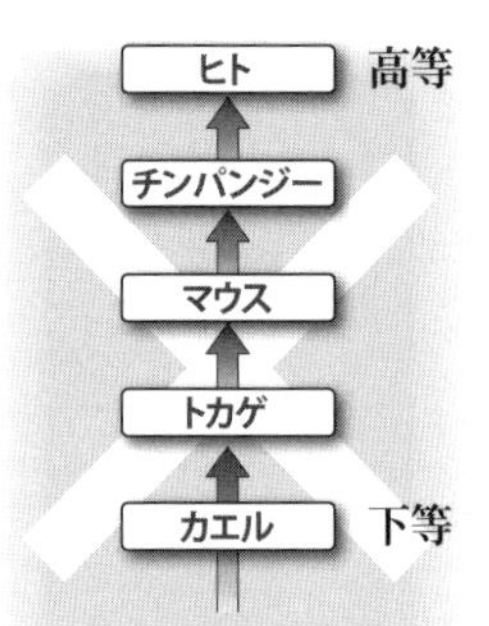

ヒトは進化の頂点に立つ！
⇒誤った理解

【枝分かれ型モデル】

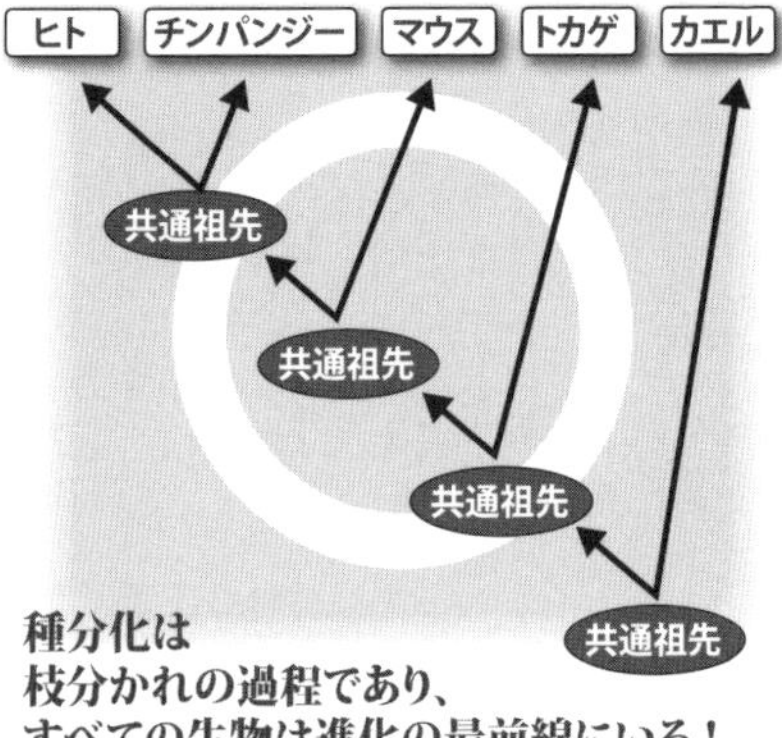

種分化は
枝分かれの過程であり、
すべての生物は進化の最前線にいる！

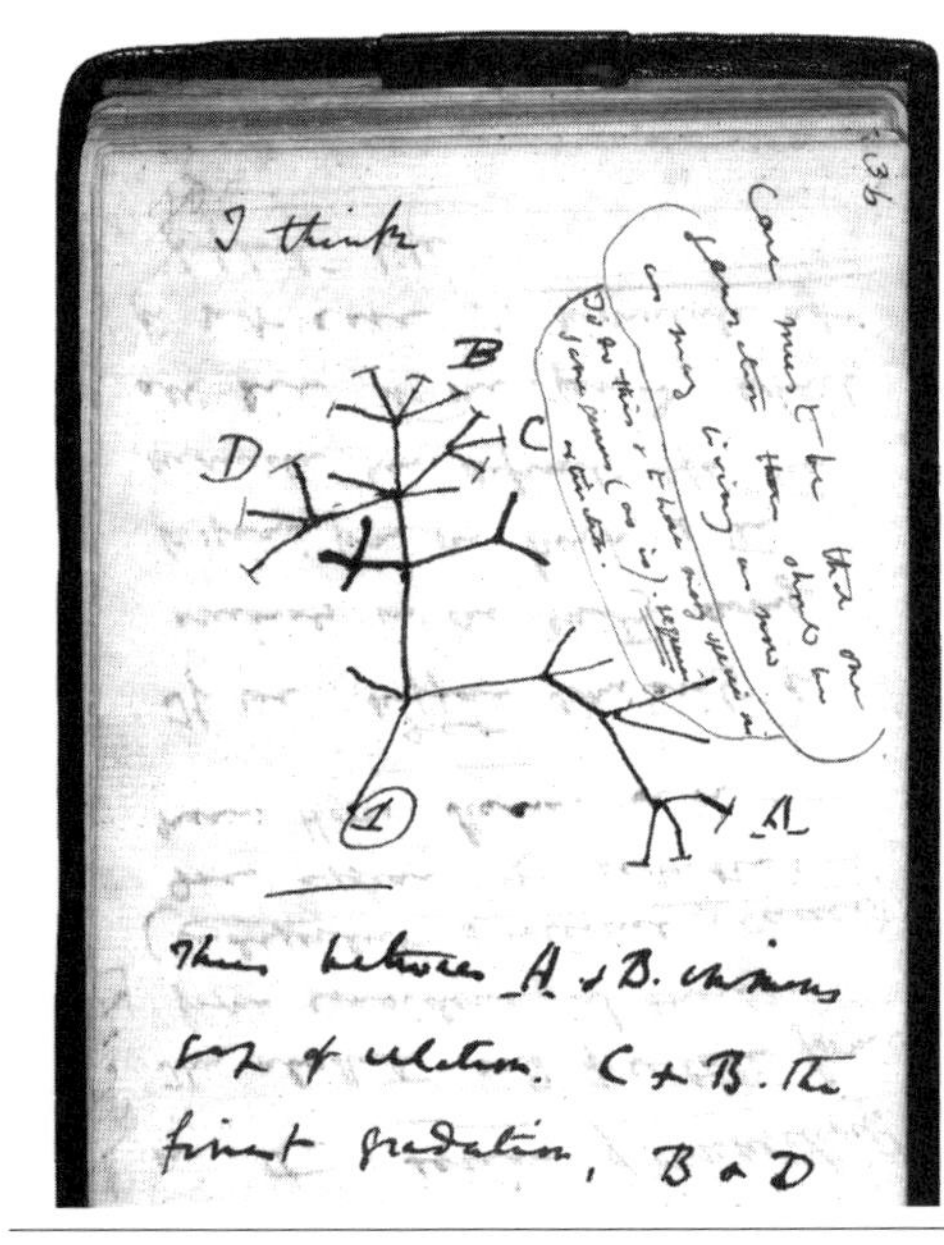

「生命の樹」のスケッチ

ダーウィンが、異なる種が共通の祖先からどのように進化していくかを示すために、1837 年に描いたもの

い目標や意志を持って生きているだろう、という見方をしてしまうのです。

進化とは、決して上を目指す「進歩」などではなく、異なる環境に適したさまざまな生き物を生み出す、枝分かれの歴史です。こうした枝分かれがなぜ生じたかは、これまでお話ししてきた変異→生存競争→自然淘汰のプロセスを知ることで見えてくるかと思います。

ある特定の競争環境では、他とは異なる特質を持っている個体は、その競争が少なくなるため、生存して子を残しやすくなります。そこで、自然界の限られた居場所にたくさんの種が共存していられるのは、このようにして、もともとの集団がいくつにも枝分かれしながら多種多様に進化していったからと考えられます。多様性が生じた理由を、ダーウィンはこのように述べています。


いかなる種でも、変異した子孫は構造を多様化すればするほどうまく生存できる可能性が高くなり、他の生物が占めている場所に侵入できるようになる。（第4章）

すべての種が個体数を増やそうとして常に闘争を演じる中で、多様化した子孫ほど、生きるための闘いで勝利する可能性が高くなることだろう。（同前）

野原には多数の種類の草木が生えています。ダーウィンは、これはそれぞれがお互いに違っているからこそ、同じ場所に生えていられるのだと考えました。彼は「生命の樹」をイメージしながら、以下のように生き物の絶滅と進化の歴史を表現しています。とても文学的で素敵な一節ですので、ここにご紹介します。

芽は成長して新しい芽を生じていく。そして生命力に恵まれていれば、四方に枝を伸ばし、弱い枝を枯らしてしまう。それと同じで、世代を重ねた「生命の大樹」も枯れ落ちた枝で地中を埋め尽くしつつも、枝分かれを続ける美しい樹形で地表を覆うことだろう。

（同前）

＊1　アナクサゴラス

前五〇〇頃〜前四二八頃。古代ギリシャの哲学者。自然の万物ははじめ混沌としていたが、次第に整理されて世界が形作られ、その秩序を保つものを「ヌース」（理性、知性）とした。アテネの政治家ペリクレスの友人であったが、その政敵のために不敬罪に問われアテネから追放された。

＊2　エンペドクレス

前四九三頃〜前四三三頃。古代ギリシャの哲学者。医者、詩人、政治家など幅広く活躍し名声を得た。万物は火、水、空気、土の四元素から成り、これに愛と憎が作用して結合あるいは分離すると考えた。

＊3　ジョルジュ＝ルイ・ルクレール・ド・ビュフォン

一七〇七〜八八。フランスの博物学者。パリ植物園長となり、『博物誌』（全四十四巻）を著す。そのなかで聖書的自然観を否定、自然科学における経験的事実の重要性を主張し、後世の進化論に多大な影響を与えた。

＊4　ジャン＝バティスト・ラマルク

一七四四〜一八二九。フランスの博物学者。貴族の出身で、七年戦争に従軍する。退役後、パリ植物園の無脊椎動物学教授となる。動物を「無脊椎動物」と「脊椎動物」に二分したことで知られる。死後、ダーウィンの『種の起源』出版を機に注目され、その進化論がラマルキズムと呼ばれるようになった。

＊5　ゲオルギー・ガウゼ

一九一〇〜八六。旧ソ連の生物学者。一九三〇年代初頭から昆虫・原生動物の研究で業績を上げ、ゾウリムシの実験による「競争的排除」の原理で有名になった。四八年、ソ連生物学会から追放された。主著は『生存競争』。

＊6　グラント夫妻

ピーター・レイモンド・グラント（一九三六〜）とバーバラ・ローズマリー・グラント（一九三六〜）。イギリスの進化生物学者。一九七三年以来、ガラパゴス諸島におけるフィンチの研究を続けている。二〇〇八年、進化生物学の発展に寄与したとして、夫妻でダーウィン＝ウォレス賞を受賞。

＊7　グレゴール・ヨハン・メンデル

一八二二〜八四。オーストリアの植物学者。もと司祭であったが、ウィーン大学で自然科学を学んだ後、修道院長となり、庭に栽培した植物で遺伝の実験を行なった。一八五六年から一万株以上のエンドウで交雑実験を行ない、六六年に論文『雑種植物の研究』として発表。一九〇〇年に再発見され、その名が知られるようになった。

＊8　木村資生

一九二四〜九四。遺伝学者。愛知県岡崎市生まれ。京都大学農学部助手を経て国立遺伝学研究所に入所。六八年、『Nature』誌に「分子進化の中立説」を発表し、世界的論争を巻き起こす。九二年、日本人唯一となるダーウィン・メダルを受賞。

第3章──「不都合な真実」から眼をそらさない

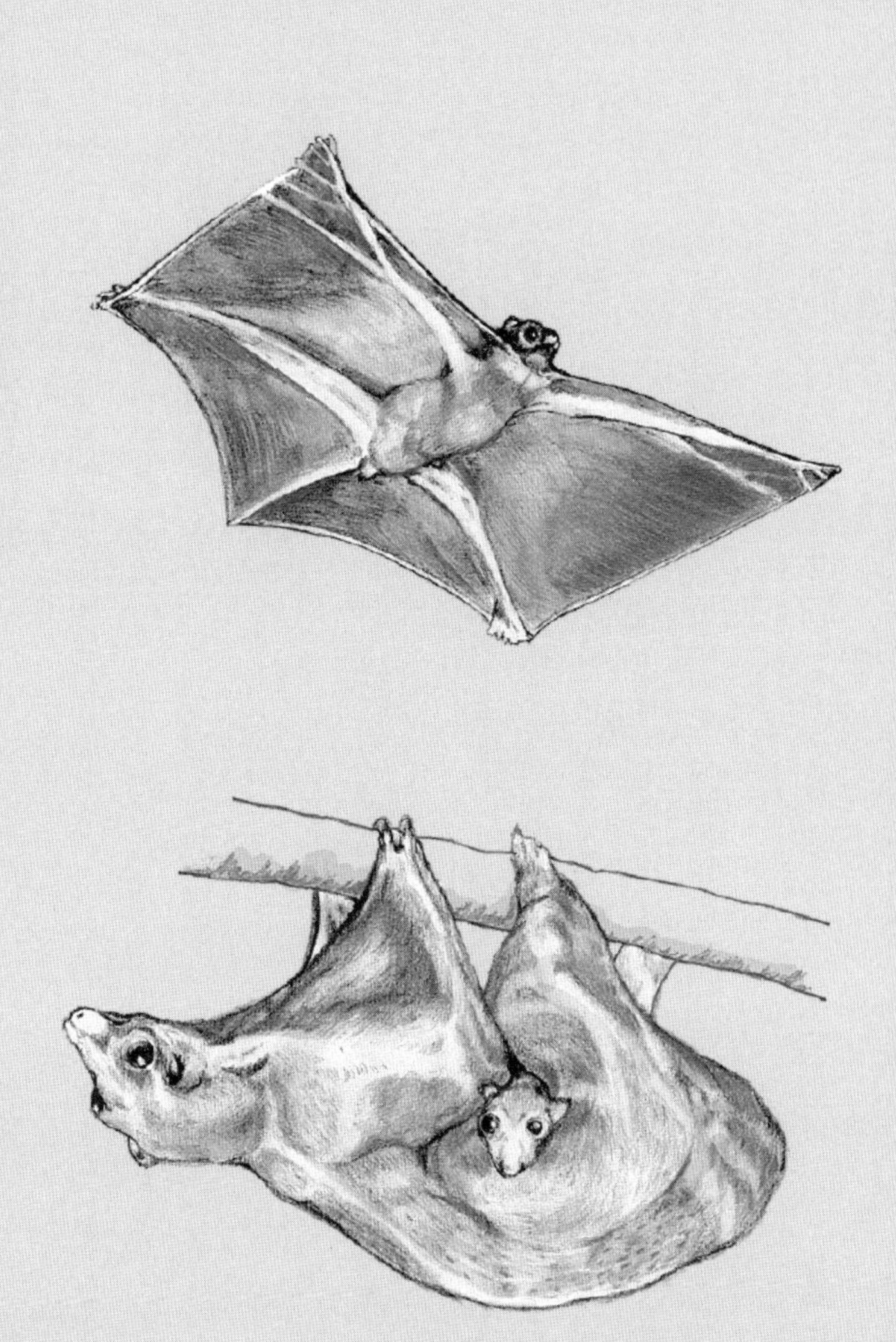

ヒヨケザル

反論に対する答えをあらかじめ用意

第2章まで、進化論の理論的な骨子についてお話ししてきましたが、『種の起源』はそれだけでは終わりません。ダーウィンは続く第6章から13章を使って、自説に対する異論や反論を想定し、それについての具体的な検証を行なっていきます。

ダーウィンが示した理論は非常に明快ですから、本を読んでいる間は「なるほど、確かにそうだ」と納得できるのですが、いざ現実の世界に目を向けると、ダーウィンの時代に知られていたことでは説明がつかないことや、つじつまのあわない事実があることに気づきます。

ダーウィンが想定した異論や反論とは、「進化の途上にある中間的な種やその化石が見つからないのはなぜか」「眼のような精密な構造を持つ器官は、本当に進化によって生まれるのか」「海で隔てられた遠く離れた場所に同じ種が分布しているのはなぜか」といったものです。こうした、当時の進化論にとっての「不都合な真実」を挙げて、自ら一つずつ丹念に検証しているのが、『種の起源』第6章「学説の難題」以降の部分なのです。

ダーウィンがわざわざ先回りをして答えを用意しておく必要があった理由としては、大きく二つ考えられます。

まず一つは、進化という考え方が、万物は神の創造物であるとするキリスト教の教義を否定する危険な思想として世間に受け止められる可能性があったことです。ダーウィン以前にも進化論を提唱した学者は存在しましたが、教会組織や保守的な学者たちから強い批判や糾弾を受けています。それを恐れたダーウィンは、想定される反論にあらかじめ答えを示しておくことで、批判する隙を与えないようにしたのです。

もう一つの理由は、理論を組み立てていくうちに、ダーウィン自身に自らの理論の欠点や不明瞭な部分が見えてきたためです。第2章で述べたように、当時はまだ遺伝の仕組みや、地球の歴史の全貌も生態学も明らかになっておらず、ダーウィンの理論の多くは仮説に基づいて書かれています。仮説が正しければ問題はないのですが、本当に正しいかどうかはダーウィン自身にもわかりません。『種の起源』第6章の冒頭部分にはこのように書かれています。

ここまで読み進んだ読者は、ずいぶん前から、私の学説に対してたくさんの難題を思いついたことだろう。そのなかには、今日に至ってもなお、私自身考えるたびに自説に対する自信がぐらつくほど深刻なものもある。しかし公正に見ると、難題と思えるのは見かけ上のことが多く、実際に難題といえるものでも、私の学説にとって致命的ではないように思える。

（第6章）

仮説に基づいた学説に欠点やほころびがあることは、科学者であるダーウィン本人が一番よくわかっていたはずです。だからこそ、指摘される前に先んじてわかる限りのことを記述しておくべきだと考えたのでしょう。

中間段階の生物が見つからないのはなぜか

では、ダーウィンがどんな反論を予想し、それに対する回答をいかなる手法で導き出していったのかを順に見ていきましょう。

まず一つめに提示されている、「進化の途上にある中間的な種やその化石が見つからないのはなぜか」という疑問です。生き物には変異があり、進化とは変異が連続した結果であるとするダーウィンの説が正しいならば、地球上で進化の移行段階にある生き物、つまり「中間種」がいたるところで見つかるはずだと考えてもよいでしょう。

たとえば、ゾウの鼻やキリンの首が進化の過程で少しずつ伸びていったとすれば、進化の中間段階に位置する、さまざまな長さの鼻や首を持ったゾウやキリンがいてもおかしくありません。しかし、私たちのまわりを見る限り、中間種と呼べる生き物はほとんど見つかりません。第6章において、ダーウィンは、さまざまな動植物のなかから中間種と思われるものを探し、四肢の間に飛ぶための膜を持っているヒヨケザル[*1]は、コウモりへと進化する中間段階のようにも見えなくもない、と述べていますが、そうしたものはごくわずかです。

進化の中間段階の生き物が見つからないのはなぜか。その理由として、ダーウィンは二通り考えています。一つは「そもそも中間種などというものは存在しない」、もう一つは「中間種は存在するのだが、見つかりにくい」というものです。まずダーウィンは、中間段階の種が見つからないのは「そもそも存在しないからだ」と仮定し、その根拠を以下のように述べています。

自然淘汰は、有益な変化を保存することによってのみ作用する。したがって個々の新しい種類は、満杯状態の土地では、競合相手となる自分よりも劣った原種や他の種類に取って代わり、やがては絶滅させてしまう。（同前）

第2章でお話ししたように、生存競争のなかで最も熾烈なのは同種の個体間の競争であり、最終的にはどちらかが滅ぶ――というのがダーウィンの言う「生存競争」です。この理論を用いて中間種が存在しない理由を説明すると、より環境に適応した利点を持つ近似種が現れた場合は、それまでの種は短期間のうちに滅ぼされてしまうことになる。だから中間種と呼ばれるものはそもそも存在しないのだ、と彼は主張するのです。

現実には、どちらかが滅ぶとは限らず、異なる形に変化することでお互いに生き延びるケースもあります。これは「キャラクター・ディスプレイスメント（形状置換）」と呼ばれるもので、形状置換が実際に起こることは、その後の研究で実証されています。

たとえば、同じものを食料にする、サイズが同じ二種類の巻貝がいたとします。別の場所に生息している時は、巻貝が足を出す部分（貝殻の口の部分）の直径はほぼ同じですが、同じ場所に暮らすようになって数世代経ると、不思議なことに貝殻の口の部分の大きさや形に変化が生じてくるのです。貝殻の口の大きさが変化するということは、食べる餌の大きさが異なるということです。二つの種が同じ場所で同じ餌を食べようとすれば、そこに生存競争が生じ、最終的にはどちらかが滅んでしまいます。これが第2章で触れた、ガウゼの競争的排除の原理です。しかし、それ以外のことも起こり得ます。つまり、それを避けて「相手とは違う姿に変わったものが有利」という自然淘汰が働き始めるということです。世代を経るたびに変異が蓄積されて、やがてもう一方の種とはまったく別の種へと移行していくとするなら、中間種が見つからない理由として納得がいきます。

続けてダーウィンは、「中間種がかつては存在した」と仮定した時に、中間種が見つからない理由の論証を再び試みています。中間種がかつて存在したと仮定すると、新たな疑問が生じます。もし中間種が過去に存在したならば、なぜ化石が見つからないのか。

ダーウィンはその理由を「地質学の記録というものは不完全なものだ。化石は進化の歴史を調べるうえでは有効なものではあるが、すべての歴史をトレースできるものではない」と考えました。中間種の化石が見つかりにくい根拠を、彼はこんなふうに地質学の視点から説明しています。

まず、陸上の生き物が死ぬとその遺骸（いがい）は川の土砂と一緒に海へと運ばれ、海底に堆積し層をつくります。そのままでは私たちの目に触れることはありませんが、地殻変動が起こって地層が隆起し、海底だった場所が陸地になった場合は、化石を含む地層として確認できるようになります。とはいえ、地層は隆起する途中で波の浸食をうけて削られるため、新しい時代の地層の多くは破壊されてしまいます。運よく化石を含んだ厚い地層がそのままの形で陸地になったとしても、そのなかから中間種の化石を私たちが発見するのは非常に低い確率になってしまう。

つまり、すべての生き物が化石として残るとは限らず、化石になったとしてもそれが私たちの目に触れるケースはごくまれだから見つかりにくいのは当然である。それは進化を否定する材料にはならない、とダーウィンは主張したのです。

眼のような複雑な器官はどうやってつくられたのか

二つめにダーウィンは、「眼のような精密な構造を持つ器官は、本当に進化によって生まれるのか」という難題に取り組みます。

完成度の高い器官の一つとして、彼が挙げているのが「眼」です。私たちの眼は驚くほど複雑な構造を持っています。異なる距離に焦点を合わせて、さまざまな光量に対応するだけでなく、球面収差や色収差を補正するための仕掛けも備えています。こうした精密機械のような構造を知ると、自然淘汰の作用で生まれたものと考えるよりは、「神が目的を持ってデザインした」と考えるほうがしっくりくるではないか、という反論がありえます。しかし、ダーウィンは、人知を超えたとも思えるほど複雑な機能を持つ眼についても、進化の理論で説明がつくはずだと考えました。

進化論に基づいて、完成された眼が誕生するプロセスを説明してみましょう。

まずは、明暗の認識しかできない単純な「眼のようなもの」を持った生き物が、変異として現れたとします。それが生存のために有利だった場合のみ、眼のようなものは次世代に引き継がれていくことになります。その後も、機能が高まれば高まるほど有利ということになると、眼のようなものは少しずつ変化を遂げていき、何百万年、何千万年という時間のなかで、やがてはレンズの役目を果たす水晶体が生まれ、さらにピントや露出機能が加わり、完成された眼が誕生します。

ここまでは、自然淘汰による進化のプロセスと同じですが、眼が進化の過程でつくられたと仮定した場合は、最初の変異で生まれた「眼のようなもの」が、生存に有利だったのかを証明する必要が出てきます。多くの人は完成された眼の存在をすでに知っているため「中途半端な眼なんて持っていても意味がない」と考えがちです。しかし、「光を感知するだけの単純な眼であっても、その個体にとってはないよりはましだった」ということがわかれば、進化のレールに乗せて考えることが可能になるでしょう。

そこでダーウィンが注目したのが、体節動物（数多くの体節からなる環形動物や節足動物）や甲殻類です。体節動物のなかには、色素に覆われているだけの単純な視神経を持つものがいます。一方で、カニやエビなど甲殻類のなかには、人間と同じ構造ではなく、しかし、光を屈折させるレンズを備えた高度な眼を持つものがいます。

基本構造も完成度も異なるいろいろな眼を持つ生物が現存しているということは、たとえ中途半端に見える器官であっても、それがない状態と比べれば、その個体にとっては生存の役に立っていることになる。と同時に、それは次世代に受け継がれ、徐々に高度なものに変化していく可能性があることを意味します。

ちなみに、眼の構造がどのようにつくられたかについてダーウィンは非常に頭を悩ませたようで、書き送った手紙に「いろいろな動物の眼を見るたびに、気分が悪くなった」と記しています。

本能さえも進化で説明できる

高度な器官が進化の過程で生まれたのであれば、動物の高度な本能も進化の過程で生まれるのではないか、という疑問にも答えるために、続く第7章では「生物の本能はいかにして生じるか」について論じられています。

生き物のなかには、神が授けたとしか思えないような高度な本能を持つものがいます。たとえばミツバチがそうです。ミツバチの巣は幾何学的な六角形の個室の集合体で構成されていますが、その正確さ緻密さを見ると、彼らの頭のなかには複雑な計算を行なうコンピューターのようなものが備わっているのではないか、と疑ってしまうほどです。

ダーウィンは、こうした高度な本能も、少しずつ移行するという進化の大原則で説明が可能だと考え、その根拠を探っていきます。眼の進化を説明した時と同様、自然界のさまざまな事例を挙げながら、本能が進化の産物であることの証明を試みています。

ミツバチの仲間のなかには、さまざまな形の巣をつくるものがいます。マルハナバチはいびつな円形の個室をならべた巣をつくりますが、ミツバチの巣と比べるとかなり粗雑で単純です。一方、ハリナシミツバチという種は、形の整った円柱状の個室を規則正しく並べた、マルハナバチとミツバチの中間くらいの巣をつくります。さらにハリナシミツバチは、圧力で部屋が潰れないよう、部屋と部屋が接する部分に平面の壁をつくります。三つの巣と接している場合は三つの壁をつくりますが、同じ大きさの円柱状の部屋を規則正しく並べていくと六つの巣と隣接することが多くなるので、六面に壁をつくるのが一般的です。

ハリナシミツバチとミツバチの巣を比べると、形は似ているものの、保存できる蜜の量も、巣をつくる際に節約できる蜜蝋（みつろう）の量も、ミツバチの巣のほうが効率的につくられ

●マルハナバチの巣の模式図
円柱状の個室をランダムに並べた形状

●ハリナシミツバチの巣の模式図
円柱状の個室が規則正しく並んでいるが、円を並べると隙間ができる

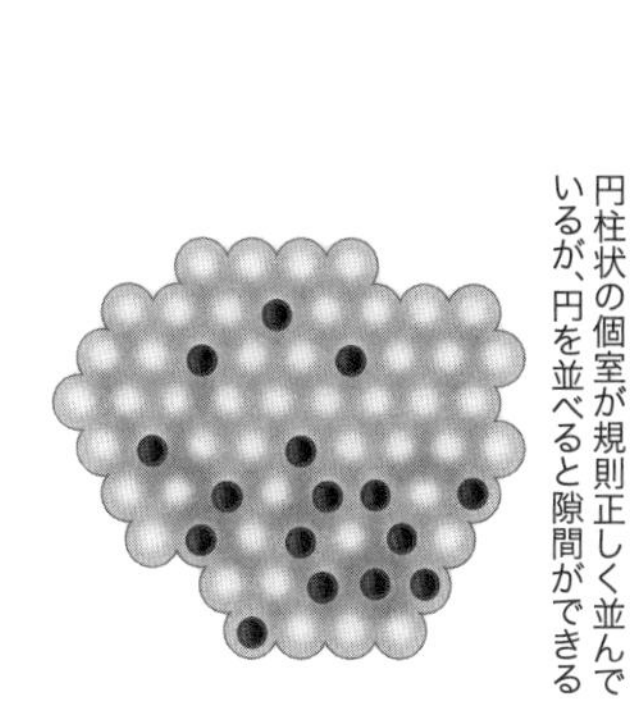

●ミツバチの巣の模式図
六角形を隙間なく並べたハニカム構造。効率的かつ丈夫な構造で、飛行機の翼や人工衛星の壁などにも応用されている

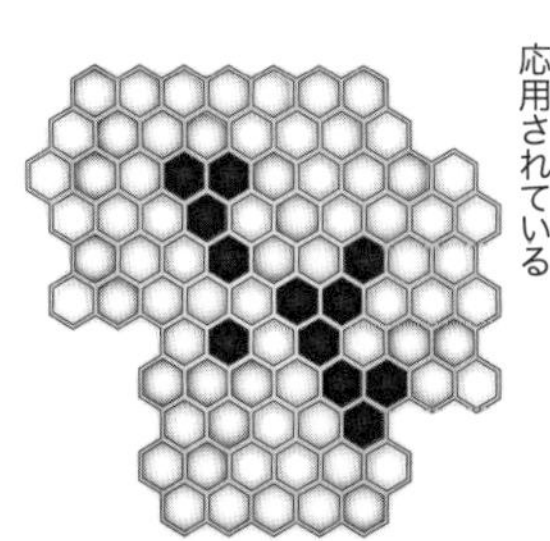

ていることがわかります。こうした事例を見ていくと、ミツバチの祖先も最初はハリナシミツバチのような巣をつくっていて、ある時、円柱状の部屋をつくらない個体群（六角形の壁だけの部屋をつくる個体群）が変異として現れ、そのほうが生存に有利に働くということで、現在のように進化したと考えることもできます。つまり、本能的な行動にも自然淘汰が働いている可能性はあると、ダーウィンは考えたのです。

ほかにも第7章には、本能と進化についてのさまざまな事例が挙げられています。カッコウが他の鳥の巣に卵を産んで、自分で子育てを行なわないのはなぜか。アマゾンアリはなぜ、他の種のアリを奴隷のようにこき使うようになったのか。働きアリはすべて雌なのにもかかわらずなぜ不妊なのか——といったさまざまな疑問をダーウィンは挙げて、進化論の考え方を用いて答えを導き出しています。ここではすべては紹介しきれませんが、どの生き物のエピソードも非常に面白いので、ぜひ原典で読んでみてください。

離れた地域に同種の生き物が分布している理由

ダーウィン進化論への三つめの疑問の、「海で隔てられた遠く離れた場所に同じ種が分布しているのはなぜか」という点について、『種の起源』第11〜12章で論じられているダーウィンの反証を見ていきましょう。

地球をぐるりと見渡すと、生物の分布の仕方にはばらつきがあることに気づきます。特定の場所にしか生息しない生物がいる一方で、海や山に隔てられた遠く離れた場所に、類似した動植物が生息しているケースも見られます。たとえば、ヨーロッパとアメリカの山岳地帯には、何万キロも離れているにもかかわらず共通の植物が多く生息しています。なぜこれほど離れた場所に同種の生き物が分布しているのでしょうか。

それまでのキリスト教的世界観では「神様がたまたま生物をいろいろな場所におつくりになったからだ」というひとことで説明されていたことを、ダーウィンは進化論をベースに二つの考え方を提示して検証を繰り広げていきます。

一つは、「それぞれが、違う場所で違う祖先から生まれて進化した」という考え方です。違う祖先から生まれたのになぜ似ているのかと疑問に思うかもしれませんが、別々の地域であっても環境が似ているために、結果的に類似した種に進化したと考えることは可能です。もう一つは、「同じ祖先を持ち、ある一か所で生まれた種が、別々の場所に拡散した」という考え方です。

ダーウィンは後者の説を支持し、「個々の種は一つの地域だけで生み出され、その後に移動したことで分布が生じた」と予想しました。別々の祖先から生まれたものが、まったく同じ種に進化することなどはあり得ないと考えたのです。なぜなら同じ種に進化するには、両者がまったく同じ環境と競争相手に、何百万年、何千万年もの間さらされる必要がありますが、その確率は非常に低い。よって、それぞれ別に生まれたという前者の説は適用できないとしたのです。

しかし、「生物が移動した」と考えた場合も、また別の疑問が生じます。大陸間は広大な海によって隔てられています。羽を持つ鳥類や昆虫はともかく、陸上に住む動物たちはどのように海を渡ったのでしょうか。

その理由について、ダーウィンは「今は海になっている場所が以前は陸地であったかもしれないし、海面の水位に大きな変動があった可能性もある。それを否定できる地質学者はいないはずだ」と述べています。たしかに大地が神によって創造されたのではなく、火山の噴火や土地の隆起によってつくられたとすれば、今は離れている大陸同士が繋がっていた可能性も否定できないことになります。

では、足や羽を持たない植物はどのように移動したのでしょうか。ダーウィンは、植物の種子は風に乗って陸上を遠くまで移動できるだけでなく、広い海を渡ることもできるはずだと予想し、それを証明するためにさまざまな調査や実験を行なっています。種子は鳥の「素嚢（そのう）」（喉の部分にある食料を貯めておく袋）のなかに何時間とどまっていられるのか、塩水に長期間浸した種子は発芽可能か、などといったデータを数多く収集し、植物の種子が鳥や流木の助けを借りて海を渡ることは、決して不可能ではないことを立証しています。

このように、ダーウィンは数多くのデータや既存の学説を収集し、それを論理的に組み合わせて複雑なパズルを完成させるかのように謎を解いていきます。

例として、「ヨーロッパとアメリカの山岳地帯に共通の植物が多いのはなぜか」という疑問に対する彼の解説をご紹介しましょう。進化論を交えながら解答へと導くその論理展開は見事と言えます。

まず、氷河期には海面が低下するため、ヨーロッパとアメリカは繋がっていて生き物たちは大陸間を自由に行き来できたと仮定します。氷河期が進み気温が下がるにつれて、高緯度の寒冷な地域で暮らしていた動植物は、温暖な環境を求めて赤道方面に移動を始めます。そして生き物が各地に移動した後に、再び地球が温暖化の時代を迎えたとします。すると寒冷な気候に適応していた生き物は、今度は気温の低い場所を求めて移動を始めます。高緯度へと移動するものもいれば、低所から高所に移動するものもいたはずです。低地ではさまざまな種との生存競争にさらされるため、生き物は独自の進化をたどることになりますが、寒冷な高地では、その過酷な環境ゆえに競争が生まれにくいため、山へと移動した種は進化することなく、形態がそのまま保存されることになる……このように考えていくと、ヨーロッパとアメリカの高地に分布する植物に共通したものが多い理由がおのずとわかってくるわけです。

余談ですが、ダーウィンは地球上の生物の分布の理由を「生き物が移動したから」と

■ガラパゴス諸島

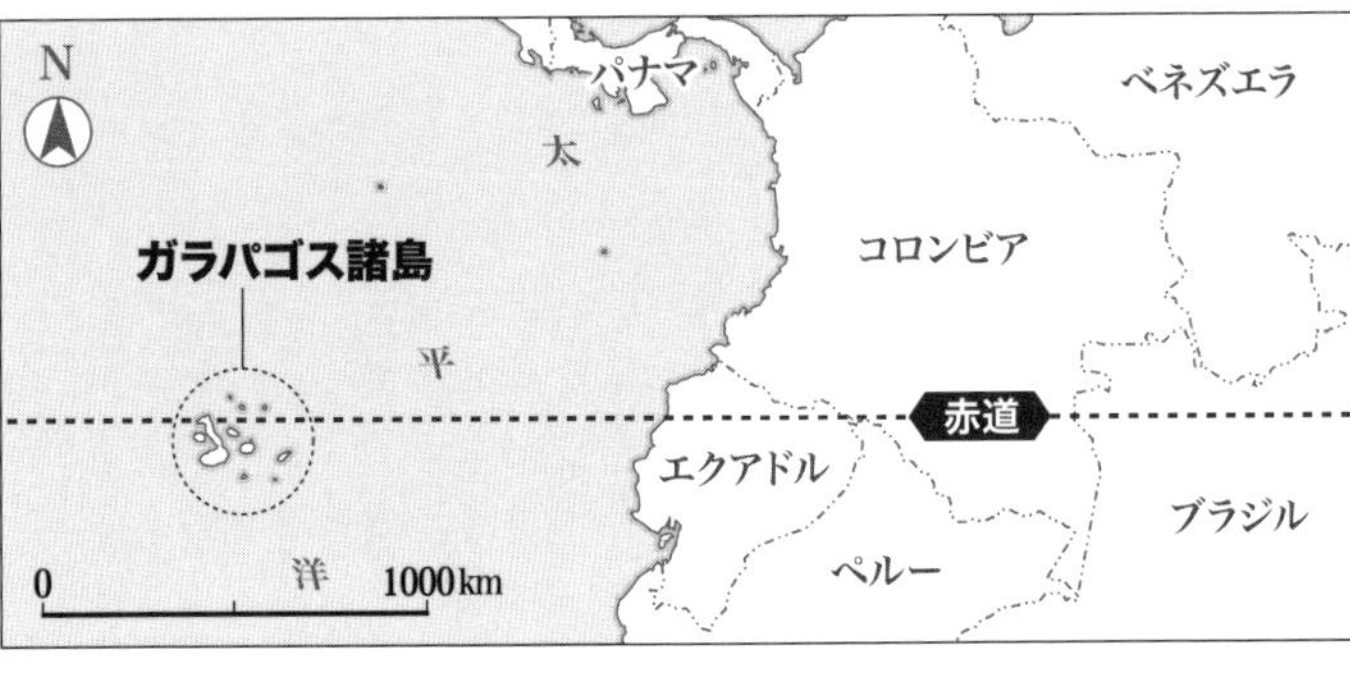

考えていましたが、二十世紀半ば以降「プレートテクトニクス」理論[*2]によって、もともと一つだった大陸が分裂して現在の姿になったことが判明したため、生き物が動いただけではなく大地(陸地)自体が動いたことも、分布が広がった理由とされています。

たとえば、爪足類と呼ばれる奇妙な小動物がいます。ミミズにいぼいぼの足が生えたような動物で、夜行性で、卵胎生です。この動物の移動能力は非常に低いと思われますが、その分布は、南インド、ヒマラヤ、マダガスカル、コンゴ、南アフリカ、中南米、オーストラリア、ニュージーランドと、実に奇妙な広がり方をしています。実は彼らは、古生代から中生代にかけて南半球に存在した大きな大陸の塊の上で進化し、その後、この大陸が割れて移動した時、それぞれの場所に乗って彼らも移動したのだと考えられています。

また、『種の起源』には書かれてはいないのですが、ダーウィンがビーグル号での航海の際に立ち寄ったガラパゴス諸島に生息する動植物は、「生き物が移動したことで分布が広まった」とい

ガラパゴスの動物たち
① ノース・セイモア島のリクイグアナ　② サン・クリストバル島近くの島のアシカ　③ サンタ・クルス島の野生のゾウガメ　④ バルトロメ島のガラパゴスペンギン　⑤ バルトロメ島のウミイグアナ　⑥ ヘノベサ島のアカアシカツオドリ　⑦ グンカンドリの群れ　⑧ ヘノベサ島のカモメ　(撮影はすべて筆者)

うダーウィンの説が正しかったことを今に伝える良い例です。

ガラパゴス諸島は、南アメリカ大陸から一〇〇〇キロも離れた海上に位置する島ですが、この島には、鳥類や爬虫類は生息しているものの、哺乳類や両生類はもともとは存在しません。これは、海を渡ることができたか否かの違いを示しています。哺乳類は温血動物ですので、エネルギーを蓄えて休眠（カメの冬眠のような状態）することができません。そのため、たとえ丸太に乗ったとしても、食料がなければ長期間の海の旅は不可能です。また両生類も、塩分に対する耐性が低いため、海を渡ることはできません。

一方、トカゲやカメなどの爬虫類は、休眠可能なうえに塩分にも強く、波間に浮かぶ木の枝などに乗って海を渡ることができたのです。

海を渡った鳥や爬虫類は、大陸とは異なる競争環境におかれたことで独自の進化を遂げました。現在のガラパゴス諸島は変種の宝庫となってはいますが、詳しく調べていくと、多くの生物には対岸の南アメリカ大陸の生物との近縁性が認められます。ダーウィンが主張した「生物は一つの場所で誕生したのちに移動し、そこで環境に適応する形で進化していった」ということをリアルに示しているモデルの一つが、ガラパゴス諸島なのです。

本章では、進化論について想定される疑問・反論と、それに対するダーウィン自身による反証が書かれた章を解説しましたが、いかがでしたか。この部分には『種の起源』の半分以上のボリュームが割かれているため、読み通すには少々エネルギーと根気が必要かもしれません。しかし、実際に読んでみると、実は推理小説の謎解きを楽しんでいるような、わくわくする面白さがあるのです。それはダーウィンの思考プロセスが、データと理論を駆使して犯人を追いつめていく推理小説の流れそのものだからと言えましょう。

理論的に組み立てた大きな「仮説」を最初に提示し、それをさまざまな文献やデータ、自らの実験を積み重ねながら実証していくのですが、その粘り強さと情熱には驚くべきものがあります。事例を一つ挙げれば済むようなものであっても、できうる限りのデータを集め、多面的にそれを証明しようと試みています。こうしたプロセスを踏んで行くと、はじめはあいまいに思えていた仮説も、どんどん明確で確実なものになっていきます。そして最後には誰も反論する余地がない完璧な論理が構築されていくのです。

彼が提唱した進化論自体ももちろん素晴らしいのですが、それを導き出す科学的、論理的思考プロセスこそが、ダーウィンをして真の科学者と言わしめる所以(ゆえん)です。

用不用説で知られるラマルクもダーウィンと同じく進化論を唱えましたが、ラマルクの場合は、よく使うものは発達し、使わないものは消滅していく、という単純な理論を提示したにとどまっています。一方のダーウィンは、この理論を使えばこんな現象も説明できる、この現象からはこんな理論が導き出されるといった具合に、数限りないパズルのピースを組み合わせながら、最終的には生物の歴史の全体図を私たちに示してくれています。

しかしながら、『種の起源』が出版された当時は、イギリスの学者たちから「スペキュレーション（空論）に過ぎない。理論が先走りすぎている」との批判を受けたようです。

この背景には、イギリスという国が経験論的な思考の伝統が強い国であることが挙げられます。これまで、ずっと帰納的な研究しか認めてこなかったためです。帰納的とは、多くの事実や観察データをまず提示して、そこから類似点を探っていき、結論を導き出す推論法です。ダーウィンの場合は、それとは逆の演繹的な理論を先に持ってきていたため批判を受けることになりました。演繹的とは、まず理論としての大前提を示し、「○○だから○○である」と理論を数珠つなぎにして結論を導き出していく推論法です。読めばわかることですが、実際ダーウィンは理論だけでなく、実験やフィールドワークによって集めたデータを積み重ねながら仮説を実証していますので、演繹法と帰納法の両方を使ったことになるのですが、当時の学者には、理論が先にありきのようにとらえられ、受け入れがたいものだったのかもしれません。

たしかに、『種の起源』に書かれていることがすべて正しいわけではなく、当然のことですが現在の自然科学から見ると不明瞭な部分や誤った認識も少なからず見受けられます。しかし、科学的な思考を用いて進化のプロセスを解明した初めての書物という点では、決して色褪(あ)せてはいませんし、今も読む価値のある名著であることは間違いありません。

『種の起源』は、進化という考え方を提示しているだけでなく、科学的思考の面白さを私たちに気づかせてくれます。数多くのデータを組み合わせていくことで、生き物の歴史というジグソーパズルが徐々に組み上がっていくプロセスが、この書には描かれています。ばらばらだったパズルのピースがきれいに組み合わさっていく様子は、読んでいて爽快感や知的興奮を覚えることでしょう。今まで見えなかったものが見えてくる——それが科学的思考の面白さなのです。

＊1 ヒヨケザル

名前に「サル」が付いているが、サル目（霊長目）ではなくヒヨケザル目（皮翼目）に属する。マレーヒヨケザルとフィリピンヒヨケザルの二種類しかいない。体の膜を使って木から木へ大滑空し、その距離は一二〇メートルにも及ぶ。

＊2 「プレートテクトニクス」理論

地球の表層を覆う複数のプレートがマントル対流により移動することで、海陸の移動、地震や火山活動、山脈の形成などが起こるとする理論。大陸移動説や海洋底拡大説をベースとしており、一九六〇年代に急速に発展した。

第4章――進化の「今」と「未来」

ガラパゴス諸島バルトロメ島のウミイグアナ

地球上の生き物の起源とは

一八五九年に『種の起源』が発表されて一五〇年以上の時が経ち、その間に遺伝学はほとんどゼロの状態から目覚ましい発展を遂げました。メンデルが遺伝の基本法則を発見し、その後一九五三年、分子生物学者ジェームズ・ワトソン*1とフランシス・クリック*2がDNAの二重らせん構造を解明したのを機に分子レベルでの遺伝子研究がスタート。二〇〇三年には、「ヒトゲノム」*3の解読が完了したことで約三〇億個からなる人間の塩基配列が明らかになりました。その意味するところは何でしょうか。ひとことで言えば、ついに私たちは「人間の完全なつくり方（レシピ）」を手にするに至ったのです。

こうした状況をご存じの方のなかには、「今さら古くさい『種の起源』を読んで何になるのか。進化を学ぶなら、最先端の遺伝子工学の本を読むべきなのではないか」と思う方も多いでしょう。しかし、狭い部分について最新の知識を得ても、進化の全貌は見えません。もちろん、進化について、現代の知識を包括的に説明してくれる良書も、何冊かは出版されています。それでも、進化について初めて体系的に論じたダーウィンの著書は、読むに値するものだと思います。

第3章で、生命の歴史の全体図を示してくれたのが『種の起源』である、と述べたように、『種の起源』には生命の歴史の俯瞰図（ふかん）だけではなく、現代に生きる私たちへの普遍的かつ重要なメッセージが書かれています。

まず、その一つが、地球上の生き物はすべて繋がっている、というメッセージです。それをわかりやすく示しているのが、38〜39頁で紹介した「生命の樹」の図です。『種の起源』に掲載されている図は、味気ない線だけのダイヤグラムですが、実は基図が存在します。ダーウィンが一八三七年にノートに走り書きしたイメージ図がそれです（64頁参照）。「I think（私はこう思うのだ）」と左肩に記されたシンプルで稚拙な図ですが、私はこの生き生きとした図が大好きで、この図がプリントされたTシャツも持っています。

この図で注目してほしいのが、ランダムに枝分かれした種の根元が一つに繋がっている点です。つまり、ダーウィンは「それぞれの生き物は独立しているように見えるが、もとをたどれば一つである」と考えていたのです。『種の起源』の最終章の言葉を引用します。

> 地球上にかつて生息したすべての生物はおそらく、最初に生命が吹き込まれたある一種類の原始的な生物から由来していると判断するほかない。
> （第14章）

今では、地球上に生き物が現れたのはおよそ三八億年前で、最初の生命体は有機物に毛の生えたような単純なものだったということがわかっています。驚くべきことに、ダーウィンはそれをすでに一五〇年も前に予想していたのです。

当時の人々にとって、「進化」という考え方はよほど衝撃的だったのでしょう。イギリスのウスター主教夫人が、「人間はサルの子孫なんですって!? なんてひどいこと！それが真実ではないことを祈りましょう。でも、もしも本当だったら、誰にも知られないように祈りましょう」と言ったと、慌てふためいた様子が当時の文献のなかに描かれています。

多様な生き物たちの関係性で世界は成り立つ

もう一つ、ダーウィンがこの図のなかで示した重要なメッセージがあります。それは、生き物には高等も下等もなく、すべての生き物は横並びにあるということです。人間もサルもミミズも、サクラもタンポポも菌類も、現在この世で生きているあらゆる生き物は、進化の最前線に立っている、と彼は考えたのです。

当時、キリスト教の価値観に基づいて、生き物には上下関係が存在するのは当たり前だと考えられていました。人間以外の動植物は人間の必要に供するために神がつくったものである、よって、自由に支配してもいいし、殺してもかまわない――ほとんどの人がそう考えていたのです。

その感覚は十八世紀のヨーロッパ人に限ったことではなく、現代に生きる私たちも心のどこかで「人間は他の動物とは違う特別な生き物だ」と感じているのではないでしょうか。アメーバやミミズは下等な生き物で、サルやましてや人間は高等な生き物だ、と多くの人は無意識のうちに信じ込んでしまっていると思います。だからこそ、ひと昔前まで、開発という名のもとで山や川を切り崩したり、野生動物を乱獲したり、人間は我が物顔で自然を破壊してきたのです。それは私たちに「人間は自然界の頂点に君臨している」という驕り（おご）があったからにほかなりません。

『種の起源』は、そうした人間の驕りに警鐘（けいしょう）を鳴らしているとも言えます。すべての生き物がもともとは一つで、上下関係は存在しないと考えると、その先には新しい世界が見えてきます。生き物には無駄なものなど一つもなく、この世界は多様な生物が互いに関係し合いながらバランスが保たれている——という生態学的な世界観です。ダーウィンは、以下のような言葉で、多様な生物が一緒に生きる素晴らしさを綴（つづ）っています。

さまざまな種類の植物に覆われ、灌木（かんぼく）では小鳥が囀（さえず）り、さまざまな虫が飛び回り、湿った土中ではミミズが這い回っているような土手を観察し、互いにこれほどまでに異なり、互いに複雑なかたちで依存し合っている精妙な生きものたちのすべては、われわれの周囲で作用している法則によって造られたものであることを考え

ると、不思議な感慨を覚える。（第14章）

このように、ダーウィンは、生命全体のことを「絡み合った土手」（tangled bank）と表現しています。私流に意訳するならこうなるでしょうか。

「さまざまなものが絡み合った土手を思い浮かべてみよう。そのなかの生き物たちは、お互いに食べたり食べられたりしながら、共存関係のなかにいる。進化の法則によって新しい種が生まれる一方で、絶滅するものもいるが、総括的にみると永久の時間のなかで起こっていることは、なんて素晴らしいのだろう」

自然も人間も、完璧につくられているわけではありません。こっちがうまくいかない、あっちがうまくいかない、と試行錯誤しながら、寄せ集めでなんとか動いているのがこの世界なのです。人間が進化の頂点にいるかのように見えるのも、たまたま今の環境に適応できているからに過ぎません。もし環境ががらりと変わったら、人間は一瞬にして滅んで、菌類や微生物だけの世界になってしまうかもしれないのです。そう考えると、人間は決して特別な存在などではないと思えるのです。

他の学問と融合しつつある進化生物学

ダーウィンが示した進化の考え方は、その後の自然科学の進歩にも大きな影響を与えました。遺伝学や遺伝子工学もその一つですが、第3章にご紹介した、生き物の分布について考察したくだりなどは、地理と生物の関係を総括的に研究する、今で言う「生物地理学（バイオジオグラフィー）」の先駆けとも言えます。また、彼が示した「生物がお互いに関係性とバランスを保ちながら世界は一定に保たれている」という考え方は、生物と環境の相互作用を扱う「生態学」[*4]の先駆けです。

進化の考え方から生まれたこうした新しい学問領域のなかでも、近年とくに注目を集めているのが「進化医学（ダーウィン医学）」です。これは、進化生物学を医学に導入したもので、従来の医学が、「How」（どのような仕組みで病気になるのか）を考えて治療法を見つけるものであったのに対し、進化医学はもっと根源的な立ち位置から「Why」（なぜ病気が起こるのか）を考えていきます。

たとえば、アレルギーや高血圧、糖尿病などに罹る理由を遺伝子レベルから探っていくのが進化医学です。どのような遺伝子を持った人が高血圧になりやすいのか、では人間はなぜそのような遺伝子を持つに至ったのか――を進化の考え方をベースに調べていくのです。

進化を知るのと知らないのでは、今後の医療の発展にも大きく関わってきます。その例を一つ挙げておきます。

みなさんも病院で抗生物質を処方されたことがあると思います。高熱が下がらなかったり、肺炎になったりした時に処方される薬ですが、その正体とは微生物を使った薬で、細菌の増殖を抑える働きを持っています。生き物を使って生き物を殺すための薬というわけです。病気によく効くため、当然のことのように患者に投与されていますが、少々怖い面もあります。

ダーウィンの自然淘汰説で考えたら当然のことですが、使えば必ず、やがて耐性のあるものが出現してしまうのです。細菌と抗生物質が戦って、すべての細菌が完全に死滅するのなら問題はありませんが、抗生物質に負けない特性を持った細菌が必ずわずかでも生き残るので、その遺伝子は次の世代の細菌に引き継がれていきます。そこに再び抗生物質が投与されると、さらに強い遺伝子が次世代に引き継がれて、どんどん細菌は強くなっていき、最終的にその抗生物質はまったく効かなくなってしまいます。こうした知識をきちんと理解したうえで治療を行なうべきだ、というのが進化医学の考え方です。

人間はなぜビタミンCを体内でつくれないのか

私たち人間の体の仕組みも、すべて進化の産物です。進化の過程と人間の体の関係を示す身近な例を、ここでは紹介しましょう。

私たち人間は、ビタミンCを体内でつくることができません。そのため野菜や果物などの食物や、最近ではサプリメントなどから摂取する必要があります。しかし、実は食物からビタミンCを摂取する必要があるのは霊長類や一部の動物だけで、哺乳類のほとんどは、体内にビタミンCを合成する機能を持っています。人間ももともとは体内でビタミンCをつくることができたはずなのですが、いつの間にかその機能を失ってしまいました。

その進化のプロセスはこんなことです。霊長類はもともと夜行性で、ビタミンCを合成できる動物だったのですが、昼行性になり、植物の葉や果物を主食にするようになりました。葉っぱや果物にはビタミンCが多く含まれているので、昼行性霊長類のなかに、体内でそれを合成することができない変異が生じた時、その変異はとくに不利にはなりませんでした。つまり、ビタミンを合成する酵素の遺伝子が壊れても不都合はなかったため、それが広がってしまったのです。人間はそのような霊長類の子孫なのです。

このように説明すると、よく使う器官は進化し、使わない器官は失われていくという「用不用説」を持ち出しているように思われるかもしれません。でも、それとは違います。遺伝子はランダムにいつでも壊れる可能性を持っています。しかし、もし、そのような変化が生存にマイナスに働く変異だったらやがては消滅し、次世代に受け継がれることはないはずです。しかし、食物からもビタミンCは十分摂取できるので、この場合は生存にプラスでもマイナスでもない中立の遺伝子ということになります。

第2章の中立進化のところで、進化に関わっているのは生存に有利でも不利でもない中立の遺伝子がほとんどだ、という話をしましたが、中立の変異が消えるか広まるかは運次第です。ですから、私たちがビタミンCを合成する酵素を失ったのも、ビタミンC合成の機能が中立になってしまったあとの偶然だと考えられるのです。

ダーウィン進化論に生じる誤解

進化の考え方は、人間の行動や生態、いわゆる「人間の本性」を知る手がかりにもなっています。学問で言うと、生物進化から人間の本性を探っていく「進化心理学」がそれに該当します。しかし、進化の理論で「人間とは何か」を考えていく際には、注意が必要です。それは一歩間違えるとんでもない誤解を生む恐れがあるからです。

たとえば、進化の考え方を資本主義のイデオロギーと結びつけて「優れた者が劣った者を蹴落として、富を手にするのは当然だ」と考える人がいます。「はじめに」でも申し上げたように、自然淘汰の論理を「強者の論理」ととらえてしまうと、そうした誤解が生じるようになるのでしょう。そう考える人の頭のなかには、梯子型の進化の図があり、てっぺんには人間が立っているのでしょうが、繰り返しになりますが、ダーウィンの理論には、優れたもの、劣ったものという概念は存在しません。下から上に向かっていくのが進化でないことは、十分すぎるほど強調しておく必要があります。

また、「適者生存」(survival of the fittest) という言葉も一人歩きしています。もともとはイギリスの哲学者ハーバート・スペンサー[*5]が著書『社会進化論』のなかで使った言葉ですが、ダーウィンの「自然淘汰」と混同している人が少なくないようです。ダーウィン自身はこの言葉が気に入らず、使いませんでした。

スペンサーが示したのは、社会は低次から高次へと進歩していくという単純な理論で、ダーウィンの進化論とは別物です。スペンサーの適者生存は先ほどの資本主義の話と同じで、梯子のてっぺんを目指していくための勝ち残り競争が前提となっています。対してダーウィンが唱えた「自然淘汰」は、環境に適応しているか否かが生存と繁殖にかかわるということであって、「目的や絶対軸」ではありません。環境が変われば、またゲームは一から始まるわけですから、スペンサーの適者生存とダーウィンの自然淘汰では、考えている意味がまったく異なるのです。

さらに、ダーウィンの進化論を曲解したことで生まれた間違った考え方の最たる物と言えるのが、第二次世界大戦中にナチス・ドイツのヒトラーが提唱した「優生思想」です。優生思想とは、「知的で優秀な人間」「社会的に有益な人間」をつくるために、遺伝を操作して人類の進歩を促そうという考え方です。ヒトラーはドイツ民族を世界で最も優秀な民族ととらえ、それ以外のユダヤ人などを絶滅させようと企(くわだ)てました。これが悪名高き、残忍なホロコースト[*6]です。もちろんダーウィンの進化論とは何の関係もありません。

これまで見てきたように、『種の起源』を読めば、これらがすべて誤解であることは明らかです。科学の理論として、進化理論はこのような考えとは無縁です。また、ダーウィン自身は決して差別主義者などではなく、むしろ奴隷制度や黒人差別に対して反論を唱えていた人物でした。

ダーウィンが生きた十九世紀は、ちょうどヨーロッパで奴隷制度廃止運動が高まっていた頃と重なります。ダーウィンがビーグル号で旅をしていた一八三二年に、イギリスでは奴隷制度廃止法が制定されましたが、ヨーロッパにはまだまだ奴隷差別が根強く残っていました。旅の途中に立ち寄った南米でも、彼は奴隷の悲惨な現状を目にしています。実は、そうした不平等な社会に対する憤りが、ダーウィンの研究の背後にあったのではないか——。「生き物はすべてひとつであり、生き物には上下など存在しない」という論理は、そのまま人種にも置き換えることができると思うのです。ダーウィンがもしあの世で、後世自分の進化論が、「差別を肯定する論理だ」「強者の論理だ」なんて言われているのを知ったら、さぞかし頭から湯気を出して怒るのではないでしょうか。

何人かの科学史家は、ダーウィンの自然淘汰による進化の理論は、ダーウィンが資本主義勃興期の進歩思想信奉まっただ中の英国で生きていたから考えついたものではないか、という意見を表明しています。しかし、私は、それは違うと思います。そうではなくて、むしろ逆ではないでしょうか。これまで述べてきたように、ダーウィンはそういう考えではなかったのですが、当時のハーバート・スペンサーを初めとする学者たちも、現代の科学史家も一般大衆も、みな資本主義的な「競争」の考えと進歩主義とを無意識のうちに持っているため、ダーウィンの進化理論を、ついそのような観点から解釈してしまうのだと思います。五年間のビーグル号の航海での経験と、その後の二〇年にわたる観察と実験の積み重ねによってダーウィンが到達したのは、そのような価値観とはまったく異なる、大きな世界観だったのだと思います。

「おばあさん」はなぜ存在するのか

進化論に対する誤解についての話が長くなってしまいましたが、話題を進化生物学に戻しましょう。

人間は、進化という視点から見ると、不思議な性質を多く持っていることがわかります。たとえば「おばあさん」という存在は改めて考えるととても不思議です。私たち人間は、繁殖が不可能になってからも三〇～四〇年も生き続けます。他の動物でも同じくらい長生きするものはいますが、ほとんどは最後の最後まで子どもを産み、子どもをつくれなくなった時が死に時です。それに対して、人間は「生み終わり時」と「死に時」が大きくずれているのです。

なぜ、このような性質を人間は持つようになったのでしょうか。その理由には、もともと人間は共同体をつくり、そのなかで助け合いながら子育てを行なってきたということがあると考えられます。人間の子育ては非常に長い期間にわたる大変な事業なので、母親一人ではできません。父親その他の多くの人間が子育てにかかわらねば成し遂げられないのですが、ここで、一人の女性が死ぬまで子を産み続けるのではなく、途中で自分が産むのはやめにして、まだ残っている体力と、それまでに蓄えた知識とを次の世代の子育てに向けたほうが、より多くの孫が残った、という事態が生じたのではないでしょうか？

これを進化のプロセスで説明すると、以下のようになります。

人類はもともと集団・群れで暮らしており、寿命が尽きる間際まで出産と子育てにかかりきりになる生き物だったと仮定してみましょう。そんな集団の中に、ある時、自分の出産や子育てを途中でやめて、娘の世代の子育てを手助けする個体が現れたとします。すると、そのような個体が残す孫の数のほうが、最後まで自分で子を産み続ける個体が残す孫の数よりも多くなった。そうして、その特性が遺伝的なものであれば次の世代に引き継がれ、何百万年もの自然淘汰を経て、おばあさんという存在が固定化されていくことになったのです。

では、「おじいさん」は何のために存在しているのでしょうか。しかし、おじいさんについては、生物学的には疑問はありません。おばあさんと違って、ある日突然生殖能力がなくなるということはなく、低い確率であっても、生きている限り生殖の可能性があるからです。それはそうだとしても、さらに、おじいさんも自分の経験や知恵を次世代に伝えることで、自分の孫世代の繁栄に貢献したということは、おおいにあり得るでしょう。

おばあさんの例を見てもわかるように、人間というのは「協力行動」[*7]をする生き物です。人間は「『超』好社会性」を持っていると言われますが、自然界には人間ほど協力行動を行なう動物は存在しません。ハチやアリは集団内で協力行動をとりますが、程度がまったく違うのです。

みなさんも、ご自分の行動を振り返ってみてください。人間の協力行動というのはものすごく複雑です。たとえば、私たちは自分の身内のみならず、見ず知らずの人にも手を差し伸べることがあります。電車で席を譲ったり、後ろから来る人のためにドアを押さえてあげたり、川で溺(おぼ)れている子どもを見かけたらとっさに飛び込んで助ける人さえいます。血縁者を助けたり、親が自分の子どもを助けたりするのは、自分の遺伝子を残すという点から考えて理にかなっていますが、見ず知らずの人を助ける「利他行動」は、進化の理論では実は説明がつきにくいのです。

利他行動とは、自分の適応度を下げて、相手の適応度を上げる行動を指しますが、本来それは生物学的には進化のレールには乗りません。おそらく「利他行動」には、良いことをすれば巡り巡って自分に還ってくる、という複雑な因果関係が関係しているのでしょう。

また、協力行動には「共感」の感情が深く関わっています。人間は他者が今どんな気持ちでいるのかを自分に置き換えて考えることができます。他人が困っていることが自分のことのようにわかるから、人は人を助けようとするのです。これは、二、三歳の幼児にさえ見られる行動で、荷物を持った人がやってきて扉を開けにくそうにしていると、幼児は非力ながらも助けようとするのです。

多くの方は、こうした協調性や協力行動は、もともと人間が持っているものではなく、教育によって育まれたものだと思うかもしれません。しかし、幼児が示す「協力的な行動」は、教育の成果というよりは、生まれつきのもののようです。このような能力は、本来、利他行動とは関係ない文脈で進化したのかもしれませんが、それらがもとになって、人間の大人の広範囲な利他行動が支えられているのかもしれません。進化心理学では、こうした人間の不思議な協力行動を、遺伝と文化が交じり合って進化した「人間の本性」の一つととらえています。

「進化」を知って暮らしやすい社会をつくる

先ほど紹介した「進化医学」とも関係しますが、「進化」という視点で人間の行動原理をとらえていくと、これまで見えなかったいろいろなことがわかってきます。生物の特徴は世代とともに変わることであり、変異があってそれが受け継がれれば、必ず進化が起こります。あらためてまとめますと、以下の四つの条件が満たされていれば、自然淘汰が働きます。

【1】生物には、生き残るよりも多くの子が生まれる。
【2】生物の個体間には、さまざまな変異が見られる。
【3】その変異のなかには、生存や繁殖に影響を及ぼすものがある。
【4】さらにその変異のなかには、親から子へと遺伝するものがある。

この四条件が満たされれば、生存や繁殖に有利な変異が集団のなかに広まっていきます。

これが自然淘汰による生物進化の基本ですが、この原理は、生物だけでなく、経済や社会制度などさまざまなことに応用することができます。つまり、ある機能を持つ性質

（戦略）があり、その機能に関して、戦略間で変異があり、それがどれほど成功するか（どれほど多くの他者が賛同してまねるか）に違いがあり、戦略間で競争があれば、どんな戦略が集団中に広がっていくかを検討することができます。これは、進化ゲーム理論と呼ばれています。

たとえば餌がどこにあるのか不確実な状況のなかで、どのようにして自分の餌獲得量を最大にするかに関して、①自分で試行錯誤をして自分だけで探す、という戦略と、②他者がどのように探索してどれほどの成果を得たかを参照して自分の行動を決める、という二つの戦略があったとします。どちらにも、コストと利益の両方がありますが、集団のなかでこの二つの戦略が競争した時に、どのような結果が得られるかを、進化のシミュレーションを使って予測することができます。投資の戦略、社会制度の設計、人々の意思決定など、この進化ゲーム理論を使って、さまざまな予測を立てることができるのです。

また、進化の考え方で人間の本性がわかるようになれば、それをベースに暮らしやすい社会を構築することも可能となります。

昨今、地域コミュニティや家族などの崩壊が問題になっています。これらが人々に不幸をもたらしているという判断のもと、「相互扶助というものを念頭に置いた、新たな社会システムをゼロからつくり直す必要がある」と考えることはできます。それはそうなのですが、進化を考えると、少し違った角度から問題を見ることができるようになります。人類進化史から見れば、「人間」とは、「基本的には雑食で、適度の運動と娯楽を必要とし、共同作業によって生計を立てて、公正・平等をよしとし、好奇心が強く、他者と密接なコミュニケーションをとり、共同で子育てをする社会的な生き物である」。

これが進化の過程のなかで人間が獲得した本性であり、これらの要素がすべて満たされていれば、人間は幸せを感じられる――と考えられます。人間はもともとそんな性質を持っているのですから、よりよい社会をつくろうとすれば、それらを引き出すような環境を整えればよいということになります。コミュニティや家族の崩壊がなぜ人々に不幸をもたらしているかと言えば、人間の本性に合っていないからです。つまり、現代社会のシステムのいったい何が人間の本性の発揮を阻害しているのかを考えることが大切なのではないでしょうか。そうすればゼロから社会をつくり直すのではなく、ベースとして人間が進化の過程で持っているはずのものを補うことで社会をつくろう、という方向に向かっていくことができる。また逆に、現代社会でコミュニティの崩壊などをもたらすことになった要因は、どんな点で人間の本性にうったえる利点があったのかも分析できるでしょう。

ダーウィンの示してくれた進化の考え方は、今後、医学や社会学、心理学、哲学などさまざまな学問領域と結びつくことで、さらに意味深いものへと発展して行く可能性を秘めています。

　これまで申し上げたように、進化という考え方が生物のすべてを統合し、生命について一つの大きな意味を持つ「絵」を描き出してくれるものであるのは間違いありません。さまざまな学問とリンクしていくことで、この先の進化生物学が私たちにいったい何を明らかにしてくれるのか――。私自身も期待しながらその動向を見守っていきたいと思っています。

＊1　ジェームズ・ワトソン
一九二八〜。アメリカ出身の分子生物学者。ケンブリッジ大学にて共同研究者のクリックとDNAの二重らせん構造モデルを考案。六五年にクリックらとノーベル生理学・医学賞を受賞する。

＊2　フランシス・クリック
一九一六〜二〇〇四。イギリスの分子生物学者。四七年、物理学者から生物学者に転向し、六年後にワトソンと二重らせん構造モデルを完成。分子生物学の進展に寄与した。主著に『分子と人間』。

＊3　ヒトゲノム
人類のゲノム（遺伝子）の全情報。一九九一年に開始された世界的プロジェクト「ヒトゲノム計画」には米・英・日・仏・独・中が参加。二〇〇三年に解読完了が宣言された。約三〇億の塩基ペアと約二万二〇〇〇の遺伝子があることが判明している。

＊4　生物地理学（バイオジオグラフィー）
地球上における動植物の分布と、それにまつわる問題を扱う生物学の一分科。植物地理学と動物地理学、あるいは生物区系地理学と生物生態地理学、歴史生物地理学に分けられることもある。

＊5　ハーバート・スペンサー
一八二〇〜一九〇三。イギリスの哲学者、社会学者。十六歳で鉄道技師として働き始め、のちに研究と著作活動に専念、「エコノミスト」誌の編集にも携わる。ダーウィンの進化論に基づき、社会、道徳、生物などすべてにわたる進化過程を説いた。主著に『総合哲学体系』。

＊6　ホロコースト
一般に、ヒトラー率いるナチス・ドイツによるユダヤ人大量虐殺のことを指す。第二次世界大

戦中、アウシュビッツなどの強制収容所に連行され犠牲となったユダヤ人は、およそ六百万人にのぼると言われている。

＊7　協力行動

ヒトを含む動物が、他者に配慮し、他者あるいは公共の利益のために行なう行動。自らの損得を顧みず他者の利益のために行動するという「利他的行動」とほぼ同義。

ブックス特別章

『種の起源』が開いた扉

遺伝の仕組みと遺伝子の解明

ダーウィンが生きた時代、もっともわかっていなかったことは、遺伝の仕組みでした。そして、遺伝の仕組みがわからないことは、進化の理論を構築するうえで致命的な欠点でした。にもかかわらず、大雑把な遺伝の様式を想定し（間違ってはいましたが）、個体の形態や行動、生態の観察から、大筋で進化の仕組みを説明したダーウィンは、真に洞察力のあった科学者なのだと感服します。

ダーウィン以後、進化生物学のなかでの最大の発見は遺伝の仕組みの解明だと思います。その始まりは、メンデルの法則の再発見にありますが、なによりも、ジェームズ・ワトソンとフランシス・クリックによる一九五三年のＤＮＡの構造解明が大革命の基点でしょう。それは、分子生物学という新たな大分野を創設しました。

しかし、私が見る限り、遺伝の仕組みを分子レベルで解き明かし、転写や翻訳の仕組み、塩基の三文字コードによるアミノ酸の指定などの解明に尽力していた、一九六〇年代、七〇年代、八〇年代の多くの分子生物学者たちは、とくに進化という視点は持っていなかったようなのです。一九九〇年代になっても、私が話をした分子生物学者の多くは、進化についてあまり考察を持っていなかったと感じます。それは私の専門ではない、進化は理論にすぎませんからね、などという反応が多かった。

そして、二〇〇〇年代になって初めて彼らから、「進化という考えは、今までただの理論だったけれど、これでやっと進化についてまじめに学問的に話せるようになった」という発言を聞くようになりました。それは、全ゲノムが解読されるようになるなどして、生物間の系統関係が、遺伝子の本体の観点から実際に分析できるようになったから、ということなのでしょう。

このような言い方は、何か、自分自身の狭い分野のなかでソリッド（確か）に分析できる材料を持たない限り、他の考えはすべて考慮に値しないとでも考えているように聞こえます。でも、進化の考えは、もっと広く生物界全体を見渡す世界観の問題なのですけどね。それでは、そういう人たちにとって、哲学や人文学は、どんな意味を持っているのでしょう？

分子生物学の発展は、もちろん、生物の理解にとって本当に重要な貢献を果たしましたし、今でも貢献し続けています。ここで私は、一九七〇年代からのカール・ウーズらの業績について言及しておきたいと思います。ウーズは、遺伝子の分子レベルでの分析を詳細に行なう分子生物学者でしたが、彼は、最初から進化を解明したいと考えていました。それも、地球における生命の進化という大テーマです。彼は、ヒトと最も近縁なのがチンパンジーなのかゴリラなのか、というような問題には興味がありませんでした。そうではなくて、何百万、何千万種いるかわからない、この生物界全体の進化とその起源を解明したいと考えていたのです。

細かいことは省きますが、彼は、最終的に、地球上の全生物は、「細菌」、「古細菌」、「真核生物」という三つの大きな界に分類できることを明らかにしました。それまでの分類にはいろいろな提案がありましたが、これは画期的な成果で、彼の最大の業績は、「古細菌」というまったく知られていなかった生物の集団があることを示し、それと「細菌」と「真核生物」との進化的関係性を明らかにしたことです。

ウーズに限らず多くの研究者による研究を経て、生物というものは、ダーウィンが想定し、メンデルが明らかにしたような、親から子へと忠実に遺伝子を継承していくだけのものではないことが明らかになりました。自身の細胞内に他の細菌を取り込んでミトコンドリアとして飼いならしたものが、真核生物になったのです。そのなかで、さらに、シアノバクテリアの一種を体内に取り込んで葉緑体としたものが緑色植物になったのです。ウイルスの遺伝子は他の生物のゲノムのなかに取り込まれ、それが、ただの居候ではなくて、その宿主にとって決定的に重要な役割を果たすように進化したことも数多くあることがわかってきました。

いろいろな生物の全ゲノム配列が読まれるようになった昨今、生物が持っているゲノム情報の多くは、過去に感染して取り込まれたウイルスの遺伝子の残骸や、よく意味のわからない繰り返し配列と呼ばれるものなどであることがわかってきました。いわゆる、「ジャンクDNA」と呼ばれるものです。ジャンクとは「がらくた」という意味ですが、本当に「がらくた」なのでしょうか？　最近は、その意味の解明にも力がそそがれています。

三十八億年の生命史では、分類群を越えての遺伝子のやり取りが日常的にあったということですね。こんな生命観は、ダーウィンにもまったく思いつかなかったのではないでしょうか？　ダーウィンは「種」というものの実体はあやういもので、それは変化していくのだということを示しましたが、さらに、大きな分類群を越えて、遺伝子が動き回っているのが生物界の姿だということです。

エピジェネティクス

もう一つ、最近の分子生物学的な発見のなかで非常に重要だと考えられるのは、エピジェネティックな変化です。エピジェネティクスとは、遺伝子そのものに変化はなくても、生まれてからの生活環境からの刺激によって、ある遺伝子に修飾がつき、その遺伝子が働かないようにされることがある、ということを指しています。ある遺伝子を読み始めさせるプロモーター部分にメチル基がつくことをメチル化と言います。メチル化が起こると、その先は読まれなくなり、従って、その遺伝子はあるにもかかわらず、その効果が発現しません。

これはどういうことでしょう? これまで、遺伝子には、突然変異で生じたいくつかの対立遺伝子があり、それらが親から子へと伝えられ、自然淘汰の結果、そのような対立遺伝子はやがて消えたり増えたりする。または、小さな集団内に生じた中立な変化であれば、単なる偶然によって、消えたり増えたりする、というように考えられてきました。それはその通りなのですが、遺伝子があるにもかかわらず、その遺伝子の持ち主の個体がさらされた環境刺激によって、その遺伝子が働かないこともある、ということです。

たとえば、ヒトの子どもが生まれて育つ時、普通は愛情たっぷりに誰かが世話してくれるはずです。しかし、そういう環境がなかったり、虐待されて育ったりすることが、時としてあります。そうすると、愛情たっぷりという普通の環境刺激のなかで普通に発現してくるはずの遺伝子の一部にメチル化が起こり、その遺伝子が発現しなくなる、ということがあります。情動やその制御にかかわる遺伝子の一部に、そのような効果が見られています。

育つ過程での環境が普通と違うと、大きくなってからも、普通と違う環境になるかもしれません。そうだとすると、そういう環境では、普通の環境で有利に働くような表現型ではなくて、何か別の表現型を持ったほうが有利かもしれません。しかし、遺伝子はもはや変われない。そこで、表現型の可塑性を増やすための一つの方法として、メチル化による遺伝子の修飾というやり方が進化したのかもしれません。

このような、環境刺激による遺伝子の修飾を、エピジェネティックな変化と呼ぶわけですが、これは、獲得形質の遺伝でしょうか？　このような現象の発見によって、ラマルクの考えを復活させよう、または、ラマルクもまんざら間違っていたわけではない、と持ち上げようとする見方もあります。しかし、私は、これは獲得形質の遺伝ではないし、ラマルクの考えをこれで救済しようというのは、少し的外れだと思っています。いずれにせよ、エピジェネティクスの詳細は、これからの遺伝子の解明に関する重要な分野となるに違いありません。

あれやこれやと、遺伝子に関する最近の研究はめざましく進んでいます。「遺伝子」というものの概念もさらに複雑になってきました。それはそれで、生物界をよりよく理解するために重要なのですが、遺伝子の働き方の本当に細かな細部にのみ突き進んでいくと、また、生物の全体像が見えなくなってしまう危惧を感じます。つねに大きな図柄を見失わないことが大切で、そのために、ダーウィンの考察は、今でも研究者たちの重要な指針で居続けられると私は思っています。

『人間の由来』と性淘汰の理論

ダーウィンが『種の起源』を出版したのは一八五九年でした。先にも述べたように、これは、ウォレスというライバルの出現によって、急きょ、それまでの考えをまとめて出版したものであり、進化に関するダーウィンの考えの全貌は、もっとずっと大きなものでした。彼は、その後、『種の起源』には盛り込まれなかったそのような考えについて、いくつもの著書を出版しています。そのなかで、一八七一年出版の『人間の由来(と性に関連した淘汰)』を取り上げたいと思います。

『人間の由来』は、題名の通り、私たちヒトの進化的起源について述べたものです。『種の起源』では、ヒトの進化に関しては、「私たち人間に関しても、やがて光が当てられるようになるだろう」、と述べるにとどめ、とくに触れられてはいませんでした。それは、やはり、当時のキリスト教世界観との対立を恐れてのことでした。

ところが、その後十年もたつうちに、ダーウィン自身が『人間の由来』の序で述べているように、「カール・フォークトのような博物学者が、ジュネーブ国立研究所の所長としてのスピーチ(一八六九年)の中で、『ヨーロッパ中どこでも、今や、どの種であっても、個別に創造されたなどと考えている人はいないだろう』と敢えて述べるに至っては、」そろそろ人間の進化について述べてもよいだろうと判断したのです。

私は、この『人間の由来』を翻訳したのですが（『人間の由来　上下』、チャールズ・ダーウィン著、長谷川眞理子訳、講談社学術文庫、二〇一六）、これもまた、ダーウィン特有のまわりくどい言い回しや、コロンやセミコロンの連続で、決して読みやすくはありませんでした。それでも、これはとても面白い本でした。

ダーウィンは本書のなかで、私たちヒトは霊長類のなかの類人猿の仲間であり、ヒトが進化した舞台はアフリカで、ヒトに最も近縁な動物はチンパンジーだろうと述べています。ダーウィンが生きていた時代、化石人類として知られていたのはネアンデルタール人だけですが、その位置づけについてはさまざまな議論があり、決着はついていませんでした。しかし、ダーウィンは、飼育霊長類の行動観察と、ヒトとサル類の筋肉や骨格などの比較から、先の結論を出しています。

しかし、その部分は、『人間の由来』という大きな著書のなかのほんの一部でしかありません。本書の大部分を占めているのは、雄と雌の違いについてなのです。そもそも、本書の原題は、『人間の由来と性に関連した淘汰』というもので、ダーウィンは、このなかで、自然淘汰に並ぶ別の重要な淘汰のプロセスとして、性淘汰があると主張しました。

性淘汰とは、同種の雄と雌が繁殖をめぐって競争することで生じる淘汰をさします。

ダーウィンは、『種の起源』のなかで自然淘汰のプロセスを説明しましたが、自分自身、この理論だけでは説明がつかない現象があることを痛感していました。それは、同種に属する雄と雌が、なぜこれほど異なるのかということです。シカの雄は立派な角を持っていますが、雌にはありません。クジャクの雄は美しい目玉模様のついた羽を広げますが、雌は地味な色をしています。このような違いは、なぜ生じるのでしょう?

自然淘汰は、生物の形質にはさまざまな個体差があり、それが子どもに遺伝し、その形質が環境との関係で有利に働くかどうかが異なる時に生じます。だとしたら、同じ種に属する雄と雌は、同じ生息環境のなかで同じ年月暮らしてきたのですから、ほとんど同じ形質を持つようになるはずではないでしょうか。ダーウィンは、一八六一年四月三日、アメリカの生物学者で友人のエイサ・グレイにあてた手紙のなかで、「クジャクのあの羽を見るたびに気分が悪くなります」と書いています。

しかし、ダーウィンはこの疑問の答えを見つけました。それが、「生存」というよりは「繁殖」に関する競争の実態です。自然淘汰は、雄にも雌にもほぼ同じように働いているかもしれない。でも、繁殖をめぐる競争のあり方は、同種であっても雄と雌で非常に異なるのではないか、それが雄と雌の性差をもたらしているのではないかと気づいたのです。

そこで、ダーウィンは、昆虫を含む無脊椎動物から、脊椎動物の魚類、両生類、爬虫類、鳥類、哺乳類のすべての分類群にわたって、雄と雌がどのように異なり、雄と雌が繁殖相手の獲得をめぐってどのように競争しているかの観察事実を集めました。そのすべてが、『人間の由来』の第8章から第18章までにわたって列挙されています。

この大量の観察から彼がまとめあげたのが、配偶相手の獲得をめぐる同性間の競争と、異性の配偶者選び、という二つのプロセスです。配偶相手の獲得をめぐる同性間の競争は、ほとんどの場合、雄どうしの競争です。そして、配偶者選びは雌が行なうので、雌による配偶者選択となります。シカの角など、多くの種の雄が持っている武器のような形質は、こうした雄どうしの競争で有利なために進化したのであり、雌にはそのような強い雌どうしの競争がないので、角は進化しないだろう、ということになります。一方、クジャクの羽は、その羽で雄どうしが戦っているのではなく、雌に対する求愛のディスプレイで使われています。そこで、雌が、より美しい羽の雄を選ぶ、というようなことが起これば、雄にはその形質がどんどん進化していくことでしょう。

雌雄の形態や行動の性差を説明するものとして、性淘汰の理論は、現代進化学の根幹をなしています。もちろん、この理論も、ダーウィン以後の研究によって、一部は改定され、さらに洗練されてきていますが、基本は正しい洞察でした。この性淘汰の理論の発展に関しても、まだまだ述べたいことはあるのですが、ここでは別のことに注目しましょう。

人種とは何か？

そもそもなぜ、性淘汰の理論は『人間の由来』のなかに収められているのでしょう？ヒトという生物の進化と性淘汰とは、どんなつながりがあるのでしょうか？　そのヒントは、本書の第7章の「人種について」に記されています。

現代の私たちにとって、人種の違いというのは、さしたる問題ではないでしょう。もちろん残念ながら人種差別はまだ消えてはいませんが、異なる人種に属する個体は、もしかしたら人間ではないかもしれない、などと考えている人はいないでしょう。しかし、ダーウィンが生きていた時代、人種の差異は、もっとずっと大きな意味を持っており、黒人と白人は本当に同じ人間なのかという疑問が、生物学の重要な問題であったのです。この時代背景を考慮しなければ、ダーウィンの『人間の由来と性に関連した淘汰』という著作の主張は、本当には理解できません。

『人間の由来』のなかで、何章にもわたって、生物界における雄と雌の差異、そして繁殖をめぐる競争について論じたあと、最後の第19章と第20章で展開されるのが、人種の説明です。現代の読者ならば、ヒトの男女の性差に関して述べられるだろうと期待するでしょうが、それはほんのわずかに触れられているだけ。ちょっとがっかりするくらいです。そうではなくて、議論の中心は人種の差異の説明です。つまり、それが性淘汰で生じたということなのです。

配偶者の獲得をめぐる競争はあまねく存在する。配偶相手にどんな魅力を感じるか、それによって配偶相手を決める配偶者選択も、あまねく存在する。配偶者選択の基準となる「美」は、なんの意味もない気まぐれによって生じ、最終的にそれが強い淘汰圧となって雄や雌の形質を変えていくことがある。人種の違いとは、たとえば、ある集団では「より白い肌が美しい」とされ、別の集団では「より黒い肌が美しい」とされ、白いか黒いかには特別に生物学的な意味はない、というような単なる気まぐれの好みが原因で、集団ごとに違いが生じた結果できたものだ、というのがダーウィンの主張です。

人種の違いの説明として、当時は二つの考えの流れがありました。一つは、異なる人種はまったく違う生物であり、神様は初めから異なる動物として各人種を創造したという多源説です。もう一つは、すべての人種はアダムとイブの子孫であるのだが、住んでいる場所の環境にそれぞれが適応することで、黒い肌の人種や白い肌の人種など、さまざまに外見の異なる集団が生じたとする単源説です。

ダーウィンは、それらに対して、性淘汰のプロセスの一つである配偶者選択によって人類の集団間に差異が生じた、配偶者選択の基準となる形質は、各集団で気まぐれに決まったので、それによって人種の違いが生じたのだ、という第三の説を提出したわけです。自然淘汰の理論を提出したダーウィンから見れば、単源説はおおいに重要な意味を持っていたはずです。しかし、彼は単源説が出している、環境に対する適応という説明をとらなかった。それは、単源説も多源説と同様、神による人間の創造を基点にしていたからです。ダーウィンは絶対に、自分の学説に神様に関係した話の入り込む余地をつくりたくなかったのです。

現代進化学では、遺伝子の解析から、すべての人種の間の差異は非常に小さなもので、人類は一種であることが明らかとなっています。すべての人類の起源はアフリカにありますが、そこから人類が世界中に広がる間に、地域ごとにさまざまな異なる遺伝的変異が蓄積しました。肌の色や髪の質、顔の形態、酵素の種類、生理学的な反応など、いろいろなものがあります。

なかには、それらがその集団の暮らしていた地域の環境に対する適応であるものもあります。黒い肌は熱帯地方に多く見られますが、それは、強烈な日光の紫外線が皮膚に与える損傷を緩和するのに有利だから、という説明は妥当です。高緯度地方に住む人々には白い肌が多く見られますが、これは、逆に日射が少ないために生じるビタミンD不足を防ぐよう、なるべく多くの日光を取り入れるための適応だ、という説明にも一理あります。

それでも、人種の違いのすべてがこのような自然淘汰による適応では説明できません。そこには、ダーウィンが考えたような気まぐれな美の基準による配偶者選択が働いている可能性はおおいにあります。これらは、まだ研究の途上です。

ダーウィンが知らなかった雄と雌の対立

さて、ダーウィンは、性淘汰のプロセスとして、配偶者の獲得をめぐる同性間の競争と、異性の配偶者の選択という二つを提案しました。そして、その例を当時としてはできる限りたくさん集めました。ところで、同性間の競争はおもに雄どうしの競争で、異性の配偶者選択は、おもに雌による配偶者選びです。それでは、同性間の競争に勝った雄と、雌が選びたいと思う配偶相手である雄とは、合致するのでしょうか？ もし合致しなかったとしたら、どうなるのでしょう？

ダーウィンは、雄間競争が優位に働く種と、雌による配偶者選択が優位に働く種とは別ものであり、同じ種のなかでこの二つが同時に働くことはあまりないと考えていた節があります。もしあったとしても、さして重要な結果にはならないと考えていたのかもしれません。しかし、現代の動物行動の研究から、それは同種のなかで実際に生じていることがわかってきました。それを、性的対立と呼びます。

実際、アザラシなど、強度な一夫多妻の配偶システムを持つ種では、雄同士の競争は激烈で、それに勝った雄は何十頭という雌を囲い込むことができます。しかし、雌はどうかと言えば、必ずしもすべての雌がそのような勝ち残りの雄を好むとは限りません。

すると、雌は勝ち残りの雄に囲われることを嫌って逃げようとするのですが、雄は、雌を逃がさないように、その行動を制限します。まさに、雌雄の対立です。現在では、配偶者獲得競争と配偶者選択に加え、このような性的対立も、雌雄の形態や行動の進化を促す重要な要因だと考えられています。

さらに、この性的対立は、遺伝子のレベルでも起こっているようです。それは、遺伝子の刷り込みと呼ばれる現象です。

染色体は父方と母方の双方から一本ずつ伝えられるので、その上に乗っている遺伝子は、父方と母方の二つがあります。メンデルは、そのような遺伝子には、実際の形質に現れるものと現れないものがあることを明らかにしました。つまり、「優性」と「劣性」です（この言葉は、良い悪いという感覚を呼び起こすのでやめようという動きがあります。いつでも現れるほうを顕性、現れないほうを潜性とでも呼んだほうがいいでしょう）。メンデルのエンドウ豆の実験で有名なように、対立遺伝子にＡとａがあったとして、AAやAaなら表現型はＡになり、ａの表現型が出現するのはaaの時だけ、という、あの遺伝様式です。

また、そうではなくて、両者の中間型になる遺伝子もあれば、ヒトの身長のように、多くの遺伝子の合計の効果が出るものもあります。

いずれにせよ、これまで大前提にしていたのは、父方と母方の双方から伝わった遺伝子が、それぞれに働くという図式でした。ところが、遺伝子のなかには、父由来の遺伝子と母由来の遺伝子の間に対立があり、父方または母方の遺伝子は働かないようにされていることがある、という発見がありました。これが、遺伝子の刷り込みと呼ばれる現象です。

哺乳類の母親が受胎すると、母親の子宮のなかには胎盤がつくられていきます。胎盤をつくらせ、そのなかの胎児を成長させていくのはIgF2という遺伝子なのですが、この遺伝子は、胎児が持っている遺伝子のうち、父親由来の遺伝子のみが働いていて、母親由来の遺伝子はオフにされているのです。

子どもは、母親と父親の遺伝子が合わさってできるもので、両親の遺伝子が半分ずつ入っています。しかし、哺乳類の母親は自分のからだを犠牲にして胎児を養いますが、父親はそんな犠牲は払いません。九五%の哺乳類の父親は、子の世話をしないので、次にはまた別の雌と交尾することがおおいにあり得ます。

この事態を雌と雄の双方から眺めてみましょう。雌にとっては、自分が妊娠する子どもはみんな等しく自分の子どもなので、今の子も将来の子も、自分の持つ資源を平等に分けて育てようとします。しかし、雄にとって、ある一匹の雌は、今授精した自分の子どもを宿して育ててくれるようにはして欲しいのですが、次の子どもは別の雌とつくることになるでしょう。すると、今の配偶相手である雌が次に産む子どもは、自分の子どもではない可能性が高い。そうなると、雄から見れば、今つくった自分の子どもにこそ、その母親である雌の資源をできるだけ多く振り向けて欲しいのです。

この同じ雌が次につくる子どもは、自分とは関係がないのですから、雄は、自分の子どもだけに振り向けて欲しい。つまり、今の母親のからだをできるだけ搾取したいわけです。雌はと言えば、今の子だけではなくて、将来のどの子にも平等に資源を振り分けたい。つまり、遺伝子レベルでも雌雄の対立があるのです。そういうわけで、胎児の遺伝子のうち、父方由来の遺伝子が胎盤をつくらせ、胎児の成長を促すようになっているのです。

これに対して、雄からの搾取に対抗するIgF2Rという遺伝子があり、こちらは母方のみが働き、父方はオフにされているようです。* 繁殖をめぐる雄と雌の進化的利益には、このような対立があります。遺伝子レベルの性的対立については、まだ研究は始まったばかりと言えます。こんなことも、もちろんダーウィンには思いもよらなかったことでしょう。

＊IgF2Rは、IgF2からのシグナル伝達を弱めるために、IgF2を細胞表面から除去するという働きをしています（ただし、ヒトではそうなっていないようですが）。

それにしても、ダーウィンが蒔いた種は、遺伝学、人類進化学、古生物学、生態学、生物地理学、動物行動学など非常に広い範囲にわたる分野に花開き、現代の生物学のさまざまな基礎となりました。細部では間違っていたこともいろいろとありますが、遺伝子については知らないけれど、生物の個体に現れている諸性質について莫大な量の観察を積み上げ、生物に関してこれほど大きなビジョンを提供したことは、本当に偉大な業績だったと思います。

ウイルスと生物の共進化

二〇一九年の暮れ頃から新型コロナウイルスによる感染症が発生し、世界中に広まるパンデミックが起こっています。ウイルスとは何者でしょう？

ウイルスとは、自らの複製に必要な遺伝情報だけが袋に入っているような物体です。いざ複製をしようとすると、それに必要な装置もエネルギーもないので、そういうものを持っている生物に寄生しなければなりません。生物は細胞から成り立っており、細胞のなかには、遺伝情報はもちろんのこと、外からエネルギーや栄養を取り込み、代謝し、成長したり複製したりするための装置を備えて生きています。

ウイルスにはこんな装置がないので、そのままでは「生きている」とは言えません。外界では、それほど長く存在することもできずに壊れてしまいます。それでも、特定の生物の細胞に取りつくことができれば、そこにある装置を乗っ取り、自分自身の遺伝情報を複製させます。そしてたくさんの娘ウイルスがつくられ、外に飛び出し、それらがまた、次の宿主細胞に取りついて増えていきます。乗っ取られた細胞にとっては迷惑な話で、自分とは関係のない物質をつくらされるので、具合が悪くなります。それが感染による症状の発生です。

ウイルスは、数十から数百ナノメータという小ささで、普通の生物の細胞の百分の一から一千分の一に過ぎません。そして、自らを複製するために使う遺伝情報としては、二重らせんのＤＮＡを持つもの、一本鎖のＲＮＡを一本持つものと二本持つものがあります。こんな存在は、どのようにして出現したのでしょうか？　ウイルスは、本物の生物が進化する前に出てきたのか、それともあとか？　まだ答えはわかりませんが、ウイルスは原始的な生命なのではなく、生物が出現したあとに、それを利用するものとして出現した、という考えが優勢のようです。

ウイルスはありとあらゆるところに存在し、細菌から植物、動物まで、ウイルスにたかられていない生物はいないと言ってよいくらいです。ウイルスの遺伝子は、時には宿主自身のゲノムのなかに取り込まれて、その一部になることもあります。私たちヒトの遺伝子にも、そのような過去の感染によるウイルス遺伝子の残骸がたくさん含まれています。それらは、ただの「残骸」として単に複製され続けていくだけのこともあれば、ものもあります。

宿主のゲノムのなかで新たな役割を獲得し、今や宿主にとって大事な存在になっている

ウイルスに対する対抗策は、免疫をつけることと、ウイルスの増殖を阻害する抗ウイルス薬を開発することです。ウイルスと生物との共進化の歴史は長く、広く、複雑です。簡単に撲滅できるようなものではありませんし、次々に新たなタイプが出現してくることでしょう。前回、ウイルスのパンデミックが起こったのは一九一八年のインフルエンザの時でした。今はあの頃とは比べものにならないほど人口が増え、グローバル化しています。地球環境の破壊の問題や都市での暮らしのあり方など、文明のあり方を問い直す必要があるのだと思います。

読書案内

1.『カラー図解　進化の教科書　第一巻　進化の歴史』、『同　第二巻　進化の理論』、『同　第三巻　系統樹や生態から見た進化』カール・ジンマー、ダグラス・J・エムレン著、更科功ほか訳、講談社ブルーバックス（二〇一六〜一七）

化石の研究から遺伝子の研究、そして生態学、動物の行動と内分泌まで、現代進化学が包含する観点を網羅して、しかも、わかりやすく、たくさんの図版で示した好著。この三冊を読めば、現代の生物学における進化的な側面の大筋が理解できるだろう。

著者のカール・ジンマーは、とくに進化に関して造詣の深い科学ジャーナリスト。もう一人のダグラス・J・エムレンは、昆虫の発生を中心に研究している進化生物学者。本書は、この二人のコンビによる、コンパクトで美しい現代進化学総論である。タイムマシンでダーウィンの時代に飛び、この本でダーウィンに最新進化学を教えてあげたい。ダーウィンは新知識をどんどん吸収して喜ぶだろう。

2.『生命の〈系統樹〉はからみあう：ゲノムに刻まれたまったく新しい進化史』デイヴィッド・クォメン著、的場知之訳、作品社（二〇二〇）

本書は、「特別章」で触れた、「細菌」、「古細菌」、「真核生物」という生物の大きな三つの界の存在を発見したカール・ウーズの研究を中心に、遺伝子レベルから見た生命の起源と系統関係の研究の歴史を追った著作である。一九六〇年代以降の分子生物学の研究は、遺伝子に関するめざましい発見を次々に成し遂げていったが、進化の観点から大きな図像を描こうと目指していた研究者はそれほど多くはなかった。そして、研究が進むにつれて、いわゆる種の境界を越えて遺伝子が飛び回るという可能性が見えてくる。多くの人は、「そんな馬鹿な」と思うのだが、やがてそれは確固たる事実として認識されるようになった。

はるか昔に細菌が他の生物の細胞のなかに取り込まれて、やがてその生物の一部となったのである。この現象は細胞内共生と呼ばれ、今では誰もが知っていることだが、その発見の過程ではいろいろな確執があった。

ダーウィンは、『種の起源』のなかの唯一の図として、今で言う系統樹の元になるものを描いた。系統樹とは、少数の祖先種からいろいろな種が分かれて、現在に至る様子を示したものである。近縁な種同士は、それほど昔ではない時期に同じ祖先から分岐した。そういう過程では、途中で絶滅したものもある。そんな進化史の概念をよく表すのが系統樹だ。その後、この系統樹なるものは、エルンスト・ヘッケルらによって活用され、遺伝子の解析が進むごとに改訂されてきた。

しかし、本書では、結局このような「単純な」枝分かれだけで描かれた系統樹は、生命史の本質を捉えてはいない、ということが示される。遺伝子がさまざまな種の境界を越えて飛び回るなら、系統樹の枝同士はさらに別の枝たちと複雑に融合し、からみ合っている。それは樹というよりも、太さの異なる糸が縦横にからみ合う網のようなものだ。「種」というものが不変の分類群だと考えていた昔と比べると、様変わりの生命観である。ダーウィンが読めば、驚き、のちに納得するだろう。

3.『21世紀に読む「種の起原」』デイヴィッド・N・レズニック著、垂水雄二訳、みすず書房（二〇一五）

『種の起源』は本当に有名で、誰もがその題名を知っており、それが生物の理解に革命的な転換をもたらしたことも知っている。では、何人の人が本当に本書を読んだだろうか？　また、読んだとして、どれほどダーウィンの意図をきちんと理解できただろうか？　私も高校時代に一度読んだとは言うものの、その時はほとんど何も理解しなかったも同然であった。だいたい、ダーウィンのまわりくどい文章は読みにくい。おまけに、遺伝の仕組みがわかっていなかった時代に書かれたものだ。間違いや憶測に満ちている部分もある。

では、もうダーウィンは読まなくてもよいのだろうか？　著者のレズニックは、著名な進化生物学者で、大腸菌をさまざまな条件下で継代飼育して進化を起こさせる「実験進化学」の研究で有名だ。彼も、若い時に『種の起源』を読んだが、まだるっこしい文章に苦労し、その本質が心に響くことはなかったそうだ。しかし、その後、研究者になり、大学院の教育を担うようになってから読み返すと、やはり、これはすごい本だと再認識したという。

そして、これは今の若い人たちにも是非読んで欲しいと思った。が、先に述べたような欠点が『種の起源』にはあるので、そこをなんとか乗り越えねば読まれないだろう。そこで、彼は、現代の知識に基づいて『種の起源』の記述を分解し、ダーウィンの主張を現代風に再構成して、その真髄がよくわかる解説本を自ら執筆した。それが本書である。

ダーウィンが何をどのように考えたのか、なぜこんなたくさんの例をくどくどと書いたのか、自説の批判に対するダーウィンの反論は、今から思えばどのように有効だったのか、正しくはなかったのか。著者の詳しい背景説明のもとで、『種の起源』の重要さが、よりよく浮かび上がってくる。

これをダーウィンが読んだら、「そうそう、そういうつもりだったのだよ」とか、

「ほう、今ではそんなことになっているのか！」とか、「ああ、やっぱりわかってもらえていない！」とか、いろいろな感想を持つのではないだろうか。これをもとに、空想上の「ダーウィンとの対話」というお話もつくってみたくなる。

4.『ダーウィンの足跡を訪ねて』長谷川眞理子著、集英社新書（二〇〇六）

拙著で失礼。私と夫が、英国滞在中にダーウィンの生家や、結婚してから住んだダウンハウス、病気の娘アニーを看取った家などなど、ダーウィンゆかりの地を訪ね、彼の生涯をたどった本。ビーグル号の航海を再現したかったが到底無理なので、ガラパゴス諸島にだけは行ってみた。カラー写真多数。

あとがき

チャールズ・ダーウィンの『種の起源』は、現代科学の古典です。科学はつねに進歩し、新しい知識によって書き換えられていくものですから、科学の古典が持つ意味は、文学などの古典とは異なるでしょう。当時は偉大だったけれども、その後は捨て去られたという古い業績は山のようにありますが、それらは、普通は科学の「古典」とは呼ばれないのではないでしょうか。

では、何が科学の「古典」なのか？　それは、それまでの自然観を刷新するような理論と観察を提出するものです。ダーウィンは、この世のすべての生き物は、神様が創造の日につくったものであり、以後、変化していない、というそれまでの常識を破り、生物は大昔の祖先から徐々に変化し、分化して多様化し、時には絶滅し、現在の姿になったという説を展開しました。それは、進化論と呼ばれてきたものです。そして、なぜそんなことが起こるのかの科学的メカニズムとして、自然淘汰の理論を提出し、それを支持すると思われる証拠をできるだけたくさん集めました。

これが今も現代科学の古典である理由は、ダーウィン以後、さまざまな大きな発見が積み重ねられてきたにもかかわらず、ダーウィンの進化理論はおおむね正しく、現代の私たちの生命観は、やはりダーウィンの進化の考えに根ざしているからだと思います。

ダーウィンについて、私が本気で興味を持つようになったのは、一九八七年、英国ケンブリッジ大学に特別研究員として滞在した時でした。所属した学科は動物学科だったのですが、ケンブリッジ大学で学んだり研究したりしている人々のほとんどは、ケンブリッジのどこかのカレッジにも所属します。私が入ったのはダーウィン・カレッジで、実際、そのカレッジの部屋に住むことになりました。

ケンブリッジ大学は、創立が十三世紀にまでさかのぼる古い大学で、歴代の王様や大僧正、大貴族やその夫人などの寄付によって創設された有名カレッジがたくさんあります。そのなかで、ダーウィン・カレッジは一九六四年創立という真新しいカレッジで、しかも、学部生はとらず、大学院生以上の人たちだけのためのカレッジです。そういうわけで、トリニティ、キングズ、セント・ジョンズなどの伝統的なカレッジでの生活とはちょっと異なりました。それでも、ケンブリッジ大学のカレッジ・ライフというものは経験できました。

それはともかく、なぜダーウィンの名が冠されているのかと言えば、このカレッジの建物が、チャールズ・ダーウィンの次男のジョージ・ダーウィンが住んでいた家を含んでいたからです。ジョージ・ダーウィンはケンブリッジ大学を卒業し、同大の数学・天

ダーウィン・カレッジができたのです。彼の家と、その隣に建っていた家をつなぎ合わせて、文学の教授として活躍しました。

そのダーウィン・カレッジの一室に住むようになり、ジョージ・ダーウィンの娘であるグウェン・ラヴェラが、この家での生活を書いた本があることを知り、それを読みました（『ダーウィン家の人々――ケンブリッジの思い出』グウェン・ラヴェラ著、山内玲子訳、岩波現代文庫、二〇一二）。そして、所属する動物学科では、今でもダーウィンの『種の起源』や『人間の由来』が学部生の間で読み継がれ、そのなかから自分の研究テーマを選ぶことがままあることも知りました。こうして、だんだんにダーウィンが身近な存在になってきました。

そして、日本に帰り、私立大学で生物学や科学史を教えるようになった時、当然ながら、ダーウィンについてもっと調べるようになりました。ダーウィンについて、同じような興味を持っている日本の生物学者たちとも知り合い、話し合い、ダーウィンの著作を翻訳することもしました。そんななかで、私はダーウィンという人物に惚れ込んでいったのです。

ダーウィンは大金持ちの息子で、生涯、なんの職業にもつかず、紳士科学者として自宅で研究を続けました。つまりは親の財産で暮らしていたわけですが、自身も株の運用などで財産を増やし、その配当を、自分の子どもたちに定期的に平等に分配していました。そのことを聞いた私の友人は、「まあ、なんてつまらない男なんでしょう」という感想をもらしましたが、私は、そうは思いません。チャールズ・ダーウィンは、株の配当を気にかけるような平凡な面もあったでしょうが、やはり、型破りの存在に違いはないと思います。そして、何よりも、チャールズ・ダーウィンは人間的にいい人だったと思うのです。

本書では、『種の起源』を取り上げて、その意味を解説しましたが、その後に彼が出版した『人間の由来』についても、少し述べました。本当は、こちらの著書に関しても大きな解説本が必要なのですが、紙面が足りません。この紹介によって、読者のみなさんが少しでもダーウィンの他の考えや著作にも興味を持っていただければ幸いです。

生物学は、これからも、まったく私たちが予想もしなかった発見をしながら発展し続けていくでしょう。やがて、ダーウィンの著書は、新しいアイデアの源泉として、今と同じような意味は持たなくなる日が来るかもしれません。それはそれで、科学の発展として嬉しいことです。それまでの間、ダーウィンの著作が、多くの人々の自然観にとっての指針の一つであってくれればと思います。

本書は、２０１５年8月に放送された「ＮＨＫ１００分de名著」の番組テキストを底本として一部を加筆・修正し、新たにブックス特別章「『種の起源』が開いた扉」、読書案内などを収載したものです。

装丁・本文デザイン／菊地信義＋水戸部 功

編集協力／中村宏覚、湯沢寿久、伊藤あゆみ、福田光一、小坂克枝

図版／小林惑名

本文組版／㈱ノムラ

協力／ NHKエデュケーショナル

p.001 晩年のチャールズ・ダーウィン（©Science Source/PPS通信社）
p.013「種」以下の分類
p.043 ゾウガメ（撮影筆者）
p.069 ヒヨケザル
p.091 ガラパゴス諸島バルトロメ島のウミイグアナ（撮影筆者）